国家出版基金项目
NATIONAL PUBLICATION FOUNDATION

珠江流域水生态健康评估丛书

东江流域
水生态健康评估

王旭涛　黄少峰　黄迎艳　崔凡　李思嘉　编著

中国水利水电出版社
www.waterpub.com.cn

·北京·

内 容 提 要

东江是珠江第三大水系，随着东江流域经济社会的快速发展，人类活动对生态环境的压力越来越大，导致水环境恶化、水生物多样性下降、栖息地环境恶化等水生态健康问题的出现。

本书从东江的河湖形态、水文情势、水质状况、水生生物状况、公众满意度等方面构建了东江流域水生态健康评估体系，分析了东江水生态健康状况和影响因素，识别出东江流域存在的河流健康问题，为东江流域的水污染防治提供理论依据，可为其他河流的健康评估工作提供参考。

图书在版编目（ＣＩＰ）数据

东江流域水生态健康评估 / 王旭涛等编著. -- 北京：
中国水利水电出版社，2021.5
　　（珠江流域水生态健康评估丛书）
　　ISBN 978-7-5170-9638-2

Ⅰ．①东… Ⅱ．①王… Ⅲ．①东江－流域－水环境质量评价 Ⅳ．①X824

中国版本图书馆CIP数据核字(2021)第105944号

书　　　名	珠江流域水生态健康评估丛书 **东江流域水生态健康评估** DONG JIANG LIUYU SHUISHENGTAI JIANKANG PINGGU
作　　　者	王旭涛　黄少峰　黄迎艳　崔凡　李思嘉 编著
出 版 发 行	中国水利水电出版社 （北京市海淀区玉渊潭南路1号D座　100038） 网址：www. waterpub. com. cn E - mail：sales@waterpub. com. cn 电话：(010) 68367658（营销中心）
经　　　售	北京科水图书销售中心（零售） 电话：(010) 88383994、63202643、68545874 全国各地新华书店和相关出版物销售网点
排　　　版	中国水利水电出版社微机排版中心
印　　　刷	北京印匠彩色印刷有限公司
规　　　格	184mm×260mm　16开本　10.5印张　256千字
版　　　次	2021年5月第1版　2021年5月第1次印刷
印　　　数	001—500 册
定　　　价	**78.00 元**

　　近一个世纪以来，全球范围内人口增加和区域经济发展，消耗了大量水资源，加上人类对水环境保护意识的缺乏，自然水体环境受到了极为严重的破坏，水资源质量整体恶化，水生生态系统功能退化。水污染造成可利用的淡水资源日益减少，水的供需矛盾加剧，进而危及人类生命安全和社会经济持续发展。世界各国对河流污染治理投入了大量的资金，而对河流水生态健康状况进行监测和评价是河流污染防治的前提。通过对河流环境变化进行定量分析，掌握河流环境参数的动态变化，才能制订水污染防治方案，提出水资源管理和保护政策。

　　党的十八大以来，以习近平同志为核心的党中央把生态文明建设摆在中国特色社会主义"五位一体"总体布局的战略高度，大力推进生态文明建设，国家相关部门已认识到开展水生态健康评估的重要性、必要性和紧迫性。但由于我国河流及其所在流域的本底状况、水体特征、生物特征、栖息地状况以及人类活动压力状况等都存在巨大差异，因此，在参考国内外水生态健康评估相关方法和标准的基础上，提出适应流域特点的水生态健康评价指标体系、评价标准和评价方法的可行性是非常必要的。

　　东江为珠江第三大水系，具有发电、航运、灌溉、渔业等多种服务功能，流经广东省河源、惠州、东莞、广州和深圳 5 个地级城市。该区域人口密集、经济发达，人口约占广东省人口的 50%，GDP 总量占广东省总量的 70%，在经济发展、国民建设和人民生活中起着举足轻重的作用。同时，东江还肩负着向香港特别行政区供给水资源的重任，为粤港经贸合作和资源共享提供有利条件。随着东江流域经济社会的快速发展，人类活动对生态环境的压力越来越大，导致水环境恶化、水生生物种类减少、多样性下降、栖息地环境恶化等水生态健康问题的出现。对东江流域水生态健康进行一次全面"体检"，建立适合东江流域的水生态健康评估体系显得尤为重要。

　　河湖健康是指河湖自然生态状况良好，同时具有可持续的社会服务功能。自然生态状况包括河湖的物理、化学和生态 3 个方面，而可持续的社会服务功能是指河流不仅具有良好的自然生态状况，还具有可以持续为人类社会提供服务的能力。

根据河湖健康的定义，本书从东江的河湖形态、水文情势、水质状况、水生生物状况、公众满意度5个方面构建了东江流域水生态健康评估体系和评估方法，并对东江流域的水生态健康状况进行了定量评估，分析了水生态健康状况的空间分布规律、影响因素，识别出东江流域存在的河流健康问题。

本书从多角度对东江流域的健康状况进行了全面的监测与评估，构建的健康评估指标体系和评估方法可作为其他流域进行水生态健康评估的参考。同时筛选出东江流域的水生态健康问题，为东江流域的水污染防治提供理论依据。

作者

2021 年 3 月

目 录

1

总　　论

1.1　研究背景与意义

1.1.1　研究背景

1.1.1.1　党中央、国务院高度重视河湖健康问题

近一个世纪以来，全球范围内人口增加和区域经济发展，消耗了大量水资源，同时工业和城市向周围水环境排放了大量废污水，加上人类对水环境保护意识的缺乏，自然水体环境受到极为严重的破坏，水资源质量整体恶化，水生生态系统功能退化。水污染造成可利用的淡水资源日益减少，水的供需矛盾加剧，进而危及人类生命安全和社会经济持续发展。根据联合国《世界水资源评估报告》（2003）：全球每天约有 2 亿 t 工业废水和农业废水流进各种水体，每年产生的污水总量为 1500km³；所有流经城市的亚洲河流均已被污染；美国 40% 的河流、湖泊和水库被工业废渣、肥料和杀虫剂污染；欧洲 55 条主要河流中 50 条已遭受不同程度的污染。根据 2010 年《中国环境公报》：在全国 204 条河流 409 个地表水国控监测断面中，Ⅳ类～劣Ⅴ类水质的断面比例为 40.1%。主要污染指标为高锰酸盐指数、五日生化需氧量和氨氮。在七大水系中，黄河、辽河为中度污染，海河为重度污染。

由于全球河流污染严重和生态质量下降，世界各国对河流污染治理投入了大量资金。对河流进行监测和水质评价是河流污染防治的前提，通过对河流环境变化进行定量分析，掌握河流环境参数的动态变化，才能制订水污染防治方案，提出水资源管理和保护政策。

人与自然的关系一直是一个重大的哲学问题。如何建构人与自然的和谐关系，长期以来不断地考验着人类的智慧。作为生命之源、生产之要、生态之基的河湖水体，在人与自然的关系中一直占据最中心位置。党中央、国务院一直高度重视河湖健康问题。2015 年第十八届中央委员会第五次全体会议提出："必须牢固树立并切实贯彻创新、协调、绿色、开放、共享的发展理念；坚持可持续发展，坚定走生产发展、生活富裕、生态良好的文明发展道路，加快建设资源节约型、环境友好型社会，形成人与自然和谐发展现代化建设新格局，推进美丽中国建设，为全球生态安全作出新贡献，促进人

与自然和谐共生。"2011年中央1号文件《中共中央　国务院关于加快水利改革发展的决定》（中发〔2011〕1号）指出："到2020年，基本建成水资源保护和河湖健康保障体系，主要江河湖泊水功能区水质明显改善，城镇供水水源地水质全面达标，重点区域水土流失得到有效治理，地下水超采基本遏制。"国务院于2012年印发了《国务院关于实行最严格水资源管理制度的意见》（国发〔2012〕3号），明确提出："开发利用水资源应维持河流合理流量和湖泊、水库以及地下水的合理水位，充分考虑基本生态用水需求，维护河湖健康生态。……研究建立生态用水及河流生态评价指标体系，定期组织开展全国重要河湖健康评估，建立健全水生态补偿机制。"2012年5月7日，时任水利部部长陈雷在全国水资源工作会议上指出："要围绕实行最严格水资源管理制度，深入开展全球气候变化背景下我国水资源演变趋势、水资源作为要素参与国家宏观调控方式方法、流域生态需水和河湖健康评估方法等重大问题研究。"2012年11月16日，时任水利部部长陈雷在水利部传达贯彻党的十八大精神大会上指出："要把学习贯彻十八大精神与贯彻落实中央加快水利改革发展决策部署紧密结合起来，进一步完善发展思路，明确发展目标，加大兴水惠民政策措施落实力度，加快建成防洪抗旱减灾体系、水资源合理配置和高效利用体系、水资源保护和河湖健康保障体系、有利于水利科学发展的制度体系，着力构建民生水利发展新格局。"2013年1月4日，水利部发布了《关于加快推进水生态文明建设工作的意见》（水资源〔2013〕1号），要求水利工程前期工作、建设实施、运行调度等各个环节都要高度重视对生态环境的保护，着力维护河湖健康。2014年水利部印发了《关于加强河湖管理工作的指导意见》，提出"到2020年基本建成河湖健康保障体系，建立完善河湖管理体制机制，努力实现河湖水域不萎缩、功能不衰减、生态不退化"。

1.1.1.2　水利部对全国河湖健康评估的总体工作部署

2010年水利部水资源司对全国河湖健康评估进行了总体工作部署，总体时间安排如下。一期试点时间为2010—2012年，主要工作内容为：2010年部署工作，准备技术文件；2011年收集资料，调查监测；2012年编制评估报告。二期试点时间为2013—2015年，主要工作内容为：在一期试点评估工作的基础上，扩大试点类型和范围，另外选择一部分试点河流（河段）和湖泊开展试点工作；总结一期试点评估工作的经验，完善各项技术规定和要求。

1.1.1.3　珠江流域重要河湖健康一期、二期试点评估工作顺利开展

2010—2012年，根据水利部全国重要河湖健康评估一期试点工作统一部署，珠江水利委员会（以下简称"珠江委"）开展并完成了珠江流域重要河湖健康一期试点评估工作。一期试点完成的工作主要包括：确定了桂江、百色水库等评估试点水域和以"水量情势、水质状况、水生生物、物理形态"为框架的评估方法和指标体系，制定、完善了流域工作大纲和实施方案，组织收集试点水域的信息，开展了监测、培训、交流及能力建设。

2013—2015年，珠江委开始开展珠江流域重要河湖健康二期试点评估工作。二期试点评估工作的主要任务包括以下几点：基本完成评估能力建设；基本具备独立开展评估工作的条件；为在全国开展河湖健康评估提供基本完整的技术文件；形成全国开展河湖健康

评估的工作体系。二期试点评估工作以一期试点工作为基础，围绕本流域主要河湖健康定期评价制度的形成提出了具有珠江流域特色的重要河湖健康评估指标体系，完善了调查技术方法和水生生物监测，加强了数据管理。

1.1.2　研究意义

1.1.2.1　贯彻落实党中央、国务院各项文件精神

2011 年中央 1 号文件《中共中央　国务院关于加快水利改革发展的决定》（中发〔2011〕1 号）指出："基本建成水资源保护和河湖健康保障体系，主要江河湖泊水功能区水质明显改善，城镇供水水源地水质全面达标，重点区域水土流失得到有效治理，地下水超采基本遏制……多渠道筹集资金，力争今后 10 年全社会水利年平均投入比 2010 年高出一倍。"《国务院关于实行最严格水资源管理制度的意见》（国发〔2012〕3 号）指出："研究建立生态用水及河流健康评价指标体系，定期组织开展全国重要河湖健康评估，建立健全水生态补偿机制。"2012 年 5 月 7 日，时任水利部部长陈雷在全国水资源工作会议上指出："要切实加强重要生态保护区、水源涵养区、江河源头区和湿地的保护，加快推进生态脆弱河流和地区水生态修复，开展水生态保护示范区建设，定期组织开展全国重要河湖健康评估"。2012 年 11 月 16 日，时任水利部部长陈雷在水利部传达贯彻党的十八大精神大会上指出："要把学习贯彻十八大精神与贯彻落实中央加快水利改革发展决策部署紧密结合起来，进一步完善发展思路，明确发展目标，加大兴水惠民政策措施落实力度，加快建成防洪抗旱减灾体系、水资源合理配置和高效利用体系、水资源保护和河湖健康保障体系、有利于水利科学发展的制度体系，着力构建民生水利发展新格局。"2014 年，水利部印发《关于加强河湖管理工作的指导意见》提出："加强河湖管理要以尊重河湖自然规律、维护河湖生命健康为出发点，着力提升河湖管理水平，以健康完整的河湖功能支撑经济社会的可持续发展。要坚持人水和谐、坚持统筹兼顾、坚持依法管理、坚持改革创新，在保护的基础上合理开发利用河湖资源。"

1.1.2.2　完成水利部对全国河湖健康评估的总体工作的要求

2010 年水利部水资源司对全国河湖健康评估进行了总体工作部署，根据《关于印发〈全国重要河湖健康评估（试点）工作大纲〉和〈河流健康评估指标、标准与方法（试点工作用）1.0 版〉的通知》，全国试点共分两期开展。其中 2010—2012 年为一期试点阶段，2013—2015 年为二期试点阶段。2016—2020 年在圆满完成一期、二期试点评估工作的基础上，按照水利部的统一部署安排，继续组织开展河湖健康评估工作，以"节水优先、空间均衡、系统治理、两手发力"的治水思路为科学指南，完善河湖健康评估体系，持续提升河湖健康评估能力和水平，为在 2020 年基本建成河湖健康保障体系提供有力支持。2016 年，根据《水利部水资源司关于组织制定流域重要河湖健康评估工作计划（2015—2020 年）的通知》（资源保〔2015〕5 号）"评估工作采取分期分批滚动方式，每两年一个周期，第一年开展调查监测，第二年完成评估报告，同时启动下一轮调查监测"的要求，对东江流域开展补充监测、调研及资料搜集等工作。

1.1.2.3　落实单位职责、进一步科学反映河湖健康

水利部《关于印发珠江流域水资源保护局主要职责机构设置和人员编制规定的通知》(水人事〔2012〕5号)指出,珠江流域水资源保护局主要职责包括承担流域水资源调查评价、组织开展水资源保护科学研究和信息化建设等有关工作。我国现阶段开展的《中国水资源公报》《地表水资源质量年报》等方面的定期评价工作,属于传统的水量、水质评价技术体系范畴,无法形成河湖生态系统是否健康的评价结论,因此难以指导河湖的系统保护与管理。鉴于此,从单位职责出发,为了更好地提高流域水资源保护生态评估的科学性,有必要在评估方法、评估时限、评估单位自身技术能力等诸多方面进行进一步研讨。因此,结合珠江流域其他区域的特色,进一步完善评估方法,提高评估科学性,以便真实、科学地反映珠江流域河湖健康问题,更好地服务于水资源保护科学研究。

1.1.2.4　完善全国河湖健康评估、促进水资源保护事业发展

全国重要河湖健康评估珠江一期、二期试点工作选取桂江、百色水库和抚仙湖为对象,从河湖形态、水量情势、水质状况、水生生物与公众满意度5个方面进行评估。由于河湖健康评估在我国刚刚起步,很多技术工作仍然处于探索及提高阶段,在监测布点、调查方法、水生生物监测、环境流量(生态水位)评估、数据管理、评估计算系统改进与完善、评估报告卡制作等方面仍有待进一步研究与提高。2016—2018年结合多年河湖健康试点评估工作的成果,对珠江流域其他区域(2016年东江流域、2017年柳江、2018年南北盘江)进行河湖健康评估,加强数据管理。这些工作对完善珠江流域试点评估工作,在全国范围内开展河湖健康评估,促进水资源保护事业发展具有重要意义。

1.2　研究目标

根据水利部发布的《关于加快推进水生态文明建设工作的意见》(水资源〔2013〕1号),依据"维护河流健康,建设绿色珠江"的治水工作总体目标,针对现有湖泊生态和河流水质存在的问题,开展东江流域水生态文明城市建设调研,了解东江流域基本情况,进行东江流域水质、水生物监测,公众满意度、河岸带调查;完善珠江流域河湖健康评估体系,为切实保护好、治理好、利用好珠江,为维护河流健康提供技术支撑。

1.3　评估范围与分区

结合全国重要江河湖泊水功能区区划和珠江特色,评估范围包括东江干流(从东江源头至石龙段)以及支流新丰江、增江、石马河、西枝江等。

根据《河流健康评估指标、标准与方法(试点工作用)1.0版》,由于评估范围内无特长水功能区,从资料一致性和方便管理的角度,本书河流健康评估以评估范围涉及24个水功能区作为评估分区。东江流域河湖健康评估涉及水功能区及选取断面见表1-1。

表 1-1　　　　　　　东江流域河湖健康评估涉及水功能区及选取断面表

序号	水功能一级区	水功能二级区	位　置
1	寻乌水源头水保护区		寻乌县澄江镇新屋村附近
2	寻乌水寻乌保留区		寻乌县吉潭镇陈屋坝老桥处
3	寻乌水赣粤缓冲区		寻乌县留车镇 X401 县道大桥或上游 0.8km 小桥处
4	东江干流龙川保留区		石水镇
5	东江干流佗城保护区		龙川县苏雷坝水电站对面
6	东江干流河源保留区		东源县黄田镇黄田中学渡口处
7	东江干流河源开发利用区	东江干流古竹饮用、农业用水区	河源市临江镇对面临江子环境监测站处
8	东江干流博罗、惠阳保留区		泰美镇夏青村处
9	东江干流惠阳、惠州、博罗开发利用区	东江干流惠州饮用、农业用水区	惠州市东江公园内
10	东江干流博罗、潼湖缓冲区		博罗县博罗大桥上游 500m 处
11	东江东深供水水源地保护区		东莞市桥头镇自来水厂、水质监测站附近
12	东江干流石龙开发利用区	东江干流石龙饮用、农业用水区	东莞市石洲大桥下游 500m 码头处或以下丁坝处
13	东深供水渠保护区		东莞市雍景花园
14	定南水源头水保护区		安远县镇岗乡
15	定南水定南保留区		定南县鹤子镇坳上村附近
16	定南水赣粤缓冲区		定南县天九镇九曲村古桥
17	定南水龙川保留区		枫树坝水库库尾
18	新丰江源头水保护区		新丰县福水村马头大桥
19	新丰江源城开发利用区	新丰江源城饮用、农业用水区	源城镇东江入口
20	增江源头水保护区		蓝田瑶族乡附近社前村
21	增江增城保留区		增城市小楼镇沿岸
22	增江增城开发利用区	增江三江饮用、农业用水区	增城市石滩镇
23	西枝江惠东保留区		惠东县宝华寺
24	西枝江惠州开发利用区	西枝江惠阳饮用、农业用水区	惠州市西枝江大桥附近

1.4　编制依据

1.4.1　法律、法规、规章

（1）《中华人民共和国水法》。

（2）《中华人民共和国水污染防治法》。

（3）《中华人民共和国河道管理条例》。

（4）《中华人民共和国水污染防治法实施细则》。

（5）《饮用水水源保护区污染防治管理规定》。

（6）《入河排污口监督管理办法》。

（7）《水功能区监督管理办法》。

1.4.2　技术标准及相关文件

（1）GB 5479—2006《生活饮用水卫生标准》。

（2）GB 3838—2002《地表水环境质量标准》。

（3）HJ/T 338—2007《饮用水水源保护区划分技术规范》。

（4）CJ 3020—2001《生活饮用水集中式供水单位卫生规范》。

（5）GB 50282—98《城市给水工程规划规范》。

（6）GB 18918—2002《城镇污水处理厂污染物排放标准》。

（7）《河流健康评估指标、标准与方法（试点工作用）1.0 版》。

（8）《中国湖泊健康评价指标、标准与方法（2011 年）》。

（9）《澳大利亚河流评价系统》。

（10）《珠江健康评估报告（2010 年）》。

（11）《全国重要河湖健康评估珠江（一期）试点评估报告（2010—2011 年）》。

（12）《水工程规划设计标准中关键生态指标体系研究与应用（2009 年）》。

（13）《珠江流域桂江健康评估（试点）报告（2011 年）》。

（14）《珠江流域重要河湖健康评估——珠江流域桂江健康评估（试点）报告（2013 年）》。

（15）《珠江流域重要河湖健康评估——珠江流域桂江健康评估（试点）报告（2015 年）》。

（16）《珠江流域重要河湖健康评估工作大纲（2016 年）》。

（17）《珠江流域重要河湖健康评估实施方案（2016 年）》。

（18）HJ 710.8—2014《生物多样性观测技术导则　淡水底栖大型无脊椎动物》。

1.4.3　专业文献

（1）《内陆水域渔业自然资源调查手册》（张觉民，何志辉；1991）。

（2）《水域生态系统观测规范》（蔡庆华，等；2007）。

（3）《底栖动物与河流生态评价》（段学花，王兆印，徐梦珍；2010）。

（4）《水生昆虫学（日文版）》（津田松苗，1962）。

（5）《珠江水系东江流域底栖硅藻图集》（刘静，韦桂峰，胡韧，等，2013）。

（6）其他相关专业文献。

1.5　技术路线

河湖健康评估技术路线图见图 1-1。

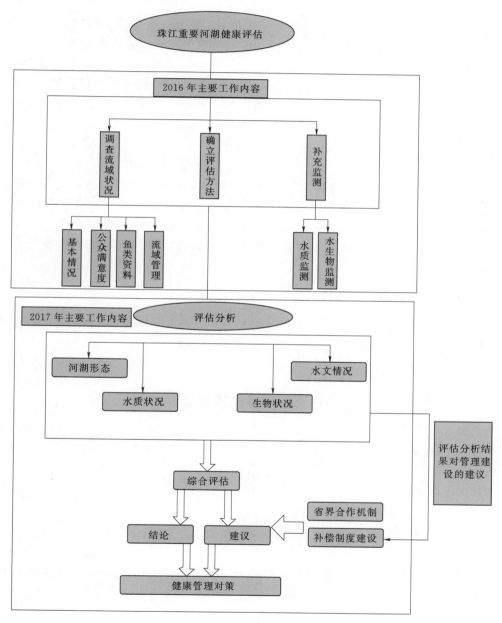

图 1-1　河湖健康评估技术路线图

1.6　评估调查原则

1.6.1　确定东江流域生境因子与生物因子的相关关系

河流是水域生物生命的载体，又是水域生态系统物质流与能量流传输的介质。在评估中需要重视东江流域河流生物群落的历史、生存和演变过程，需要重视水域生物群落与河流生境之间的耦合关系。监测由于人类活动和自然力作用引起的河流流量、水质、水文周期等种种变化，调查水利水电工程建设、土地利用以及城市化引起的河流特征的变化，确定生物因子与生境因子之间定性或定量关系，综合评价这些变化对河流生态系统健康的影响。

1.6.2　明确评估尺度

东江河流系统是河流健康问题的基础对象，河流健康评估中应以东江流域河流系统为对象，但由于东江干流长达几百公里，上、中、下游自然、地理、气候、社会经济发展等各方面都有着很大的差异，因此，评估工作应以不同的河段和水功能区为具体诊断单元。在东江流域河流系统健康评估空间尺度的选择以河流系统、河段与水功能区为主，同时兼顾流域尺度。

1.6.3　稳步推进评估水平提高

充分考虑监测能力和信息获取，确定分阶段工作目标和评估重点，在历年评估工作的基础上稳步提升河湖健康评估方法和手段。扩展珠江流域评估范围，深入评估成果，提高评估水平。

1.6.4　推动建立长期的东江流域河流健康评估

河流健康评估的基础是河流生态监测数据资料。东江流域基本形成了较为完善的水文监测体系，但生物监测系统和网络尚未完全构建，需因地制宜地建立东江水生态监测体系。河流生态系统演替是一个长期的过程，需要进行长系列水生物监测，推动建立长期的东江流域河流健康评估。

1.7　评估调查方法

监测调查内容根据评估体系的 4 大要素 13 大指标进行，通过调研、查勘、资料收集、遥感解译、数据分析、监测等手段，获取河湖形态、水文数据、水质水生物监测调查结果和公众满意度调查问卷材料等。

1.7.1　评估体系

根据《河流健康评估指标、标准与方法（试点工作用）1.0 版》（下文简称《方法（1.0版）》），结合珠江流域健康的特色，东江流域健康评估指标体系的健康要素包括4个类别，即河流形态、水文情势、水质状况和水生生物。河流形态包括河岸带状况、河流连通性、防洪安全3个指标；水文情势包括生态流量、流量过程、水文过程3个指标；水质状况包括DO水质、耗氧有机物、重金属、苯类有机物4个指标；水生生物包括附生硅藻、底栖动物、鱼类损失指数3个指标。东江流域健康评估类指标体系设计表见表1-2。

表1-2　　　　　　　　　　东江流域健康评估类指标体系设计表

试点水体	健康要素	指标类别	评价指标
东江流域	河流形态（RM）	河岸带状况（RS）	河岸带状况
		河流连通性（RC）	河流连通阻隔指数
		防洪安全（FS）	防洪达标率
	水文情势（HR）	生态流量（EF）	日径流量占多年平均流量比例
		流量过程（FD）	实测径流与天然径流偏离指数
		水文过程（HD）	实测水文过程与推荐环境水文过程方案偏离指数
	水质状况（WQ）	DO水质（DO）	溶解氧
		耗氧有机物（OCP）	高锰酸盐指数、五日生化需氧量、化学需氧量、氨氮
		重金属（HMP）	砷、汞、镉、铬、铅
		苯类有机物（BCP）	甲苯、乙苯、邻二甲苯、间二甲苯
	水生生物（AL）	附生硅藻（ED）	特定污染敏感指数、硅藻生物指数
		底栖动物（ZB）	多样性指数、均匀度指数
		鱼类损失（FOE）	现状鱼类种类与历史鱼类种类比值

注　灰色区域为珠江流域特色指标。

1.7.2　评估方法

1.7.2.1　河湖形态

1. 指标说明

东江流域河流形态评估采用河岸带状况、河流连通阻隔状况与防洪达标率进行表达。河岸带状况包括河岸稳定性指数（BKS）、河岸带植被覆盖度（RVS）、河岸带人工干扰程度（RD）；河流连通阻隔状况主要调查评估河流对鱼类等生物物种迁徙及水流与营养物质传递阻断状况，重点调查评估区内的闸坝阻隔特征；防洪达标率针对具有防洪功能的河段，调查达到防洪标准的堤防长度所占的比例。

2. 计算方法

（1）河岸带状况。

1）河岸稳定性指数（BKS）。河岸稳定性评估要素包括河岸倾角、河岸高度、河岸基质、河岸植被覆盖度和坡脚冲刷强度，计算公式为

$$BKS_r = \frac{SA_r + SC_r + SH_r + SM_r + ST_r}{5} \qquad (1-1)$$

式中 BKS_r——河岸稳定性指标赋分；

SA_r——河岸倾角分值；

SC_r——河岸植被覆盖度分值；

SH_r——河岸高度分值；

SM_r——河岸基质分值；

ST_r——坡脚冲刷强度分值。

河岸稳定性指数（BKS）赋分标准见表1-3。

表1-3   河岸稳定性指数（BKS）赋分标准

岸坡特征	稳定	基本稳定	次不稳定	不稳定
分值	90	75	25	0
河岸倾角（SA）/(°)	<15	<30	<45	<60
河岸植被覆盖度（SC）/%	>75	>50	>25	0
河岸高度（SH）/m	<1	<2	<3	<5
河岸基质（SM）（类别）	基岩	岩土河岸	黏土河岸	非黏土河岸
坡脚冲刷强度（ST）	无冲刷迹象	轻度冲刷	中度冲刷	重度冲刷
总体特征描述	近期内河岸不会发生变形破坏，无水土流失现象	河岸结构有松动发育迹象，有水土流失迹象，但近期不会发生变形和破坏	河岸松动裂痕发育趋势明显，在一定条件下可以导致河岸变形和破坏，中度水土流失	河岸水土流失严重，随时可能发生大的变形和破坏，或已经发生破坏

2）河岸带植被覆盖度（RVS）。采用直接赋分法，计算公式为

$$RVS_r = \frac{TC_r + SC_r + HC_r}{3} \qquad (1-2)$$

式中 TC_r、SC_r、HC_r——评估区所在生态分区参考点的乔木、灌木及草本植物覆盖度，按表1-4赋分。

表1-4   河岸带植被覆盖度（RVS）赋分标准

植被覆盖度（乔木、灌木、草本）/%	说 明	赋 分
0~10	植被稀疏	0~30
10~40	中度覆盖	30~60
40~75	重度覆盖	60~100
>75	极重度覆盖	100

3）河岸带人工干扰程度（RD）。重点调查评估在河岸带及其邻近陆域进行的9类人类活动，包括：河岸硬性砌护、采砂、沿岸建筑物（房屋）、公路（或铁路）、垃圾填埋场或垃圾堆放、河滨公园、管道、农业耕种、畜牧养殖。对评估区采用每出现一项人类活动减少其对应分值的方法进行河岸带人类影响评估。无上述9类活动的河段赋分为100分，根据所出现人类活动的类型及其位置减除相应的分值，直至0分，具体见表1-5。

河岸带状况分数在上述3个指标的基础上计算，计算公式为

$$RS_r = BKS_r \times BKS_w + RVS_r \times RVS_w + RD_r \times RD_w \tag{1-3}$$

式中　BKS_w、RVS_w、RD_w——河岸稳定性、河岸带植被覆盖度与河岸带人工干扰程度的指标权重，分别取 0.25、0.5 与 0.25。

（2）河流连通阻隔状况。对评估区每个闸坝按照阻隔分类分别赋分，然后取所有闸坝的最小赋分，按照式（1-4）计算评估断面以下河流纵向连通性赋分。

表 1-5　　　　　　　　河岸带人工干扰程度（RD）赋分标准

序号	人类活动类型	赋分	序号	人类活动类型	赋分
1	河岸硬性砌护	-5	6	河滨公园	-5
2	采砂	-40	7	管道	-5
3	沿岸建筑物（房屋）	-10	8	农业耕种	-15
4	公路（或铁路）	-10	9	畜牧养殖	-10
5	垃圾填埋场或垃圾堆放	-60			

$$RC_r = 100 + \min[(DAM_r)_i] \tag{1-4}$$

式中　RC_r——评估区河流连通阻隔状况赋分；

$(DAM_r)_i$——评估区闸坝阻隔赋分（$i=1$，n_{Dam}），n_{Dam} 为闸坝座数。

$(DAM_r)_i$ 按表 1-6 进行赋分。

表 1-6　　　　　　　　闸坝阻隔赋分表

鱼类迁移阻隔特征	水量及物质流通阻隔特征	赋分
无阻隔	对径流没有调节作用	0
有鱼道，且正常运行	对径流有调节，下泄流量满足生态基流	-25
无鱼道，对部分鱼类迁移有阻隔作用	对径流有调节，下泄流量不满足生态基流	-75
迁移通道完全阻隔	部分时间导致断流	-100

（3）防洪达标率（FLD）。河流防洪达标率（FLD）计算公式为

$$FLD = \frac{\sum_{n=1}^{NS}(RIVL_n \times RIVWF_n \times RIVB_n)}{\sum_{n=1}^{NS}(RIVL_n \times RIVWF_n)} \tag{1-5}$$

式中　FLD——河流防洪达标率；

$RIVL_n$——水功能区 n 的长度，评估河流根据防洪规划划分的河段数量；

$RIVB_n$——根据河段防洪工程是否满足规划要求进行赋值，如果达标，那么 $RIVB_n=1$；如果不达标，那么 $RIVB_n=0$；

$RIVWF_n$——河段规划防洪标准重现期（如 100 年）。

防洪达标率（FLD）按表 1-7 进行赋分。

表 1-7　　　　　　　　防洪达标率（FLD）赋分标准表

防洪达标率（FLD）/%	95	90	85	70	50
赋分	100	75	50	25	0

3. 河流形态赋分方法

根据《方法（1.0版）》，结合珠江流域健康的特色，河岸带状况是河流形态的首要指标，所以权重较大。河流连通性和防洪达标率为重要指标，权重均等。

（1）有防洪需求的河段，指标之间采用分类权重法计算各指标的评估分值，具体如下：

$$RM_r = RS_r \times RS_w + RC_r \times RC_w + FLD_r \times FLD_w \tag{1-6}$$

式中 RS_w、RC_w、FLD_w——河岸带状况、河流连通性与防洪达标率的指标权重，权重分别为 0.5、0.25、0.25。

（2）无须评价防洪指标的河段，指标之间采用分类权重法计算各指标的评估分值，具体如下：

$$RM_r = RS_r \times RS_w + RC_r \times RC_w \tag{1-7}$$

式中 RS_w、RC_w——河岸带状况和河流连通性的指标权重，权重分别为 0.7 和 0.3。

1.7.2.2　水文情势

1. 流量过程变异程度

（1）指标说明。流量过程变异程度指在现状开发状态下，评估区评估年内实测月径流过程与天然月径流过程的差异，反映评估区监测断面以上流域水资源开发利用对评估区河流水文情势的影响程度。

（2）计算方法。

$$FD = \left[\sum_{i=1}^{12} \left(\frac{q_m - Q_m}{\overline{Q}_m} \right)^2 \right]^{1/2}, \overline{Q}_m = \frac{1}{12} \sum_{m=1}^{12} Q_m \tag{1-8}$$

式中 q_m——评估年实测月径流量；

Q_m——评估年天然月径流量；

$\overline{Q}_m$——评估年天然月径流量年均值。

（3）评估标准。流量过程变异程度指标赋分标准见表1-8。

表1-8　　　　　　　　　　流量过程变异程度指标赋分标准

FD	赋分（FD_r）	FD	赋分（FD_r）
0.05～0.1	75～100	1.5～3.5	10～25
0.1～0.3	50～75	≥3.5	≤10
0.3～1.5	25～50		

2. 生态流量满足程度

（1）指标说明。河流生态流量是指为维持河流生态系统的不同程度生态系统结构、功能而必须维持的流量过程，采用最小生态流量进行表征。

（2）计算方法。EF指标表达式为

$$EF_1 = \min \left[\frac{q_d}{\overline{Q}} \right]_{m=4}^{9}, EF_2 = \min \left[\frac{q_d}{\overline{Q}} \right]_{m=10}^{3} \tag{1-9}$$

式中 q_d——评估年实测日径流量；

$\overline{Q}$——多年平均径流量；

EF_1——4—9月日径流量占多年平均流量的最低百分比；

EF_2——10月至次年3月日径流量占多年平均流量的最低百分比。

（3）评估标准。生态流量保证程度赋分方法见表1-9。

表1-9　　　　　　　　　生态流量保证程度赋分方法

分级	推荐基流标准（年平均流量百分数）		赋分（EF_r）
	EF_1 育幼期（4—9月）	EF_2 一般水期（10月至次年3月）	
1	≥30%	≥50%	100
2	20%～30%	40%～50%	80～100
3	10%～20%	30%～40%	40～80
4	10%～20%	10%～30%	20～40
5	<10%	<10%	0～20

3. 健康流量指标（IFD）

（1）指标说明。健康流量指标法是中澳环境伙伴合作项目中最大的子项目中国河流健康及环境流量项目所研究开发的生态流量评估及分析计算方法。健康流量指标由8个指标组成，分别是丰水期水量指标（HFV）、枯水期水量指标（LFV）、最大月水量指标（HFM）、最小月水量指标（LFM）、连续高流量指标（PHF）、连续低流量指标（PLF）、连续极小流量指标（PVL）和水量季节性变化指标（SFS）。

（2）赋分方法。8个指标的评估及赋分方法如下。

1）丰水期水量指标（HFV）和枯水期水量指标（LFV）。丰水期水量指标（HFV）和枯水期水量指标（LFV）的评估及赋分是基于参照系列一定保证率的阈值范围。参照系列一般可以用还原后的天然径流系列或者用大型水库建设以前的实测径流系列。首先应分别计算参照系列丰水期水量（6个月）及枯水期水量（6个月），计算丰水期水量 $P=25\%$ 和枯水期水量 $P=75\%$ 的相应的频率值；然后计算评估年内丰水期水量及枯水期水量；最后，丰水期水量指标（HFV）和枯水期水量指标（LFV）的赋分方法见图1-2。

2）最大月水量指标（HFM）和最小月水量指标（LFM）。最大月水量指标（HFM）和最小月水量指标（LFM）与丰水期水量指标（HFV）和枯水期水量指标（LFV）的计算方法类似，首先计算参照系列最大月水量指标（HFM）和最小月水量指标（LFM）的分布及其频率值，然后计算评估年内最大月水量和最小月水量，最后评估年内的指标按图1-2的赋分方法计算最大月水量指标（HFM）和最小月水量指标（LFM）。

3）连续高流量指标（PHF）和连续低流量指标（PLF）。连续高流量指标（PHF）和连续低流量指标（PLF）用来反映评估年内某个量级的流量是否连续。首先计算参照系列每月流量的分布及其频

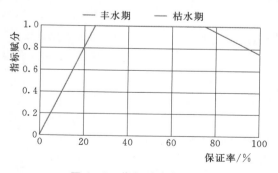

图1-2　指标赋分方法图

率值，然后按以下标准定义评估年每月流量的值：

$$
\left.\begin{array}{l}
VP=25\%\leqslant V_i=1,2,3,\cdots,12\leqslant VP=75\%,PF(i=1,2,3,\cdots,12)=0\\
V_i=1,2,3,\cdots,12<VP=25\%,PF\ i=1,2,3,\cdots,12=-1\\
V_i=1,2,3,\cdots,12>VP=75\%,PF\ i=1,2,3,\cdots,12=-1
\end{array}\right\}\quad(1-10)
$$

接着对连续为 1 或 −1 的值进行求和，取其绝对值最大值 SUMPF＝1，SUMPF＝−1；最后，连续高流量指标 PHF＝（1−SUMPF＝1/12），连续低流量指标 PLF＝（1−SUMPF＝−1/12）。

4）连续极小流量指标（PVL）。首先计算每月 $P=1\%$ 的水量作为极小流量指标，然后判断评估年内每月流量是否小于极小流量指标，若小于极小流量指标，则赋值为 1；否则赋值为 0。统计评估年内连续为 1 之和的最大值 SUM，连续极小流量指标 PVL＝（1−SUM/6）。

5）水量季节性变化指标（SFS）。首先计算参照系列每月的平均流量（或流量中位值），对每月平均流量进行排位；然后计算评估年内月流量的当年排位，计算评估年月流量当年排位与相应月份平均流量排位的绝对差值（RANGE），接着计算全年绝对差值的平均值 AVERANGE，则水量季节性变化指标 SFS＝（6−AVERANGE）/6。

6）健康流量指标（IFD）。健康流量指标（IFD）为上述 8 个指标的平均值。

健康流量指标可以用于判断某个河段水量受人类活动影响的变异情况，指标越大，河流流量变异程度越小，受人类活动影响越小。同时，亦可根据所定义健康流量指标反推出满足某个健康流量指标条件下所需要的逐月最小生态流量过程。

（3）健康流量指标（IFD）赋分方法。健康流量指标（IFD）赋分方法如下：

$$
IFD_r=IFD\times100\quad(1-11)
$$

4. 水文情势赋分方法

根据《方法（1.0 版）》，结合珠江流域健康特色，健康流量指标是反映河流水文情势是否健康的首要指标，所以权重较大。流量过程变异程度、生态流量满足程度指标为重要指标，权重均等。

水文情势赋分方法如下：

$$
HR_r=FD_r\times FD_w+EF_r\times EF_w+IFD_r\times IFD_w
$$

式中　　　　　　HR_r——水文情势健康要素评估分值；

FD_w、EF_w 和 IFD_w——流量过程变异程度、生态流量满足程度和流量健康的指标权重，分别取 0.3、0.2 和 0.5。

1.7.2.3　水质状况

1. 指标说明

水质状况指标除采用 GB 3838—2002《地表水环境质量标准》中的基本项目指标外，另增加痕量有机物指标，包括甲苯等。根据《方法（1.0 版）》中的分类，将上述指标分为溶解氧（DO）状况、耗氧有机物（OCP）污染状况、重金属（HMP）污染状况和苯类有机物（BCP）状况四类。

2. 赋分方法

为了体现河流评估服务于管理的原则，对某个水功能区评估时，以该水功能区水质目标作为赋分依据。若监测结果优于水质目标标准限值，则赋分 100；若低于 V 类标准值，则赋分 0，在此区间采用插值法赋分。其中耗氧有机物污染状况（高锰酸盐指数、五日生化需氧量、化学需氧量和氨氮）取平均值作为耗氧有机物污染状况赋分，其余三类选取单因子指数评价结果最差的断面作为评估代表指标。

由于 GB 3838—2002《地表水环境质量标准》中未制定苯类有机物等级限值，因此只采用其标准值进行评估，若达标，则评定为健康，反之则为不健康，具体见表 1-10。

表 1-10　　　苯类有机物指标评估准则

分　级	监测结果	赋　分
1	达标	100
2	不达标	30

3. 水质状况赋分方法

四类水质状况指标之间的评估采用最差值法，即取各类指标赋分值的最差值作为该水功能区水质状况的评估分值。

1.7.2.4　水生生物

1. 指标说明

河流监测和评价方法分为理化监测法和生物监测法。理化指标评价为传统的河流水质监测方法。理化监测项目包括化学需氧量（COD）、生化需氧量（BOD）、总磷（TP）、总氮（TN）、溶解氧（DO）、电导率（Conductivity）等指标。通过以上指标的测定值采用单因子或多因子评价方法评价河流水质。理化监测具有简单方便、快速、高灵敏度等特点，但也存在瞬间性、成本高及会带来二次污染等缺点。

生物监测和评价方法能弥补理化监测的一些不足。生物监测是指利用群落、种群或生物个体对环境污染产生的反应，通过生物学的方法，从生物学角度对环境污染状况进行监测和评价的一种技术。联合国环境规划署将其定义为：测量活着的生物体对人为压力的灵敏度。美国环境保护署则将其定义为：使用活着的生物体来测定环境影响。在河流水环境中，水生群落可以认为是对生物和非生物压力的复合响应。污染物质进入河流，水生生物在群落结构特征、个体行为、生理功能、生态习性上都会做出相应的反应，响应结果是污染物对于生物的连续影响和累积作用。水生生物群落中的底栖动物、水生维管束植物、水生微藻和鱼类等生物均为良好的河流水质指示生物。一般来说，生物监测指示生物的敏感性与生命周期长短、移动性、位于食物链（网）的位置等生态特征相关。相对于其他指示生物，淡水附生硅藻拥有生命周期短、固着性强、位于食物链底端等特性，是十分理想的河流水质指示生物。利用附生硅藻作为指示物进行河流水质监测和生态质量评价正在得到越来越广泛的应用。

东江水生生物指标采用附生硅藻、底栖动物和鱼类损失 3 个指标进行评估。其中附生硅藻以特定污染敏感指数（IPS）、硅藻生物指数（IBD）指标表达，底栖动物指数以底栖动物 BI 指数和底栖动物完整性指数（B-IBI）表达，鱼类损失（FOE）标准采用历史背景调查方法确定。

硅藻是一种具有硅质细胞壁的单细胞植物。硅藻广泛存在于地球每一处的湿润生境，包括海洋、湖泊、河流、泉水、沼泽、湿土等。从严寒极地到热带沙漠都有硅藻的踪迹，硅藻一年四季都能生长繁殖，主要的繁殖方式为细胞分裂。由于硅藻分类学的发展，地球上现存硅藻种类确切数目存在争议，可能处于 2 万～200 万种的宽广范围中。硅藻细胞壁主要成分为二氧化硅，分上下两壳，以壳环带接合形成一个硅藻细胞，称壳体。硅藻细胞内含有的色素体主要为叶绿素 a、叶绿素 c 和 β-胡萝卜素，因此颜色呈黄褐色。在水体中，硅藻细胞单生或连成链状、带状、辐射状群体，营浮游或附生生活。相对于浮游硅藻，附生硅藻的固着稳定性更能准确地反映环境变化，因此大多数生物硅藻评价方法建立于附生硅藻群落数据。附生硅藻按其附生基质的不同可以分为附石（*Epilithic*）硅藻、附植（*Epilithytic*）硅藻、附砂（*Epipsammic*）硅藻、附泥（*Epipelic*）硅藻和附动物（*Epizoic*）硅藻。由于附石硅藻的生物量较大，加之采样简便，因此对于附石硅藻的水质评价研究较多。

硅藻作为水生生态系统中的初级生产者，是全球碳固定环节中的重要吸收源，地球40％的氧气释放来源于硅藻的光合作用。同时，硅藻在水生食物链（网）中是一些水生生物不可或缺的饵料食物。硅藻在水体生态系统中的物质循环和能量流动中扮演着重要的角色。

硅藻种类鉴定是硅藻水质评价的研究前提。通过硅藻的硅质外壳可以分辨不同的硅藻种类。硅藻门（*Bacillariophyta*）植物分两大类：中心纲（*Centricae*）硅藻和羽纹纲（*Pennatae*）硅藻。它们的主要区别在于中心纲细胞壳面纹饰呈放射状排列，无假壳缝或壳缝；羽纹纲细胞壳面呈两侧对称、羽状排列，具有假壳缝或壳缝。总体来说，壳面形状大小、几何对称性、壳面饰纹排列、中央区和极节样式特点、壳缝结构等是硅藻分类的重要特征。

影响硅藻在水体中的生长、分布的生态因子主要包括物理因子（光照、温度、透明度、流速等）、化学因子（pH 值、营养盐、离子、重金属等）和生物因子（竞争、捕食等）。其中，理化因子与硅藻群落关系的研究较普遍深入。

（1）光照。光是硅藻生命活动能量的主要来源，硅藻通过光合作用产生构成自身细胞物质的有机物。光是影响硅藻生长和生存的最重要生态因子之一。在水生态系统中，光照随着水体深度的增加而减弱，位于不同水体深度的附生硅藻群落结构因此发生改变，适应与所处环境的光强度。硅藻的最适宜光强范围为 1000～7000lx。Hoagland 和 Peterson 的研究证明了底栖藻类群落物种的组成在水体的不同深度存在差异。在一定范围光强内，硅藻光合作用率与光强呈正比例关系，硅藻光合作用速度随着光照强度的增加而增加，但光强一旦超过一定量，达到光饱和时，硅藻会出现光抑制现象。钱振明等和庄树宏等的研究证实硅藻这一生态特征。

（2）温度。温度是影响附生硅藻群落的重要生态因子。温度对于硅藻的作用机制主要是影响细胞内酶活性，在适宜温度下硅藻生长繁殖迅速。过高温度或过低温度都会使硅藻细胞中蛋白质和核酸受到不可逆的损害，使其机能下降，停止生长，甚至死亡。另外，温度也会影响水环境中各类营养物、离子的分解率或离解度，间接影响藻类的生长分布。不同的硅藻种类具有不同的适合生长的温度，这是硅藻适应不同生长环境的结果。比如，长生等片藻（*Diatoma elongamm*）最适宜的生长温度是 10～20℃。侯旭光在南极地区发现了一种优势硅藻（*Myrionema spp.*），其最适宜生长温度为-1～8℃。藻类学家在高达60℃的温泉中仍能发现硅藻的踪影，它们在高温环境下仍能正常生长和繁殖。一般来说，大多数硅藻都存活于5～40℃的温度范围内，其中最适范围为15～30℃。

（3）流速。水体流速能影响硅藻的生长分布。Fogerd根据水流速度将硅藻分为5种生长类型：真静水性种、好静水性种、不定性种、好流水性种和真流水性种。一般而言，江河中的硅藻群落以不定性种类和好流水性种类占优势，而在湖泊水库中则以静水性种为主。王翠红等对流速与附生硅藻多样性指数的关系进行了研究，认为随着河流流速的增加，多样性指数值略有上升；但若流速较高，多样性指数值反而下降。这是由于硅藻细胞附着在基质上，当流速较高时，部分细胞易被水流冲走，造成物种多样性下降。为了适应不同流速的水体环境，附生硅藻发展了特殊的生存机制，如由胶质分泌孔分泌的胶质固着或胶质柄固着。

（4）pH值。硅藻对于水中的pH值十分敏感。水中pH值对硅藻生长的影响机制可归纳为以下几个方面：影响水中CO_2浓度，以致影响硅藻光合作用中的CO_2可利用效率；影响呼吸作用中有机碳源的氧化速度，以致影响硅藻同化有机物的效率；细胞膜电荷因水中酸碱度变化而变化，从而影响细胞对环境中营养物的吸收和利用；影响硅藻细胞代谢活动过程中酶的活性；影响水体环境中营养物质的溶解度、离解度或分解率等理化过程，从而改变营养物质的供给；影响代谢产物的再利用性和毒性。不同硅藻种类生长适宜的pH值范围不同，但是大多数硅藻适宜生长在pH值为7.8～8.2的微碱性水环境中。Van Dam根据酸碱度偏好将硅藻分为喜酸性、喜偏酸性、喜中性、喜碱性、唯碱性和无差异种类。

（5）电导率。电导率是影响硅藻分布的主要因素之一。电导率反映水体中带电离子的多少，可溶的带电离子越多，水体电导率越大。Sai和Roger通过CCA数量分析方法证实水体电导率是低地水体硅藻群落分布的主要影响因素，通过加权平均回归方法建立电导率与硅藻的定量预测模型。Soininen等研究发现，当水体电导率大幅度下降时，大型附生硅藻种类（*Amphora ovalis*、*Gyrosigma acuminatum*、*Campylodiscus noricus*）迅速减少，甚至消失，但Cyclotella和Fragilaria种类却大量增加。何琦等发现在增江流域，电导率高的水体，菱形藻属相对丰度也高。菱形藻属相对丰度与电导率呈极显著的正相关关系（$R=0.75$，$P<0.001$）。邓培雁等应用CCA和偏CCA分析技术研究桂江流域附生硅藻群落影响因素时，发现电导率是影响附生硅藻群落结构的主要水质因素。

（6）营养盐。水体中的营养盐浓度影响硅藻代谢活动和生长速率，进而影响硅藻群落的结构组成。卡林（Karin）等对美国新泽西河硅藻群落结构进行研究，认为河流中营养盐浓度能显著地改变硅藻物种组成。营养盐在一定范围内，对硅藻的生长繁殖具有促进作用；当浓度过低时起限制作用；当浓度过高则有毒害作用。不同硅藻对营养盐的需求有差异性，如脆杆藻科（Fragilariaceae）种类对磷的需求低，对硅的需求高；而中心纲种类相反，对磷的需求高，而对硅的需求低。一般而言，限制硅藻生长的主要营养盐元素是氮和磷，水中氮、磷浓度及氮磷比对硅藻种类及丰度有显著影响。水中氮主要来源于各类氨盐和亚硝酸盐、硝酸盐，磷则主要来自磷酸盐。磷浓度的增加往往是硅藻暴发性生长的关键因素。

　　硅藻是水生生态系统中有价值的指示生物。硅藻在水生态系统中为生物食物链（网）的基础生物，是重要的初级生产者，是水生生态系统生物化学循环的重要一环。硅藻是水生生态系统中物种最丰富的生物元素之一，栖息的生境十分广泛，包括河流、湖泊、水库、泉水、湿地、河流入海口和海洋等。硅藻对于水体环境中的有机污染物、无机营养物、重金属和酸碱度等环境因子的变化能做出迅速反应，包括硅藻个体细胞形态特征，种群数量和结构及生理生化特性的变化。相对于其他生物指标，例如大型水生植物、大型无脊椎动物和鱼类，硅藻对于水体的变化更敏感、更迅速，是准确、高效的水质指示生物。相对于大型无脊椎动物和鱼类，硅藻生命周期较短，能及时地反映水环境的变化，适合建立水质预警机制。硅藻样品采样方便，成本较低，玻片样品能够保存多年。以上的特性使硅藻成为水体生物评价中十分合适的监测工具。

　　利用硅藻作为河流水质评价的生物指示物已有 100 年历史。发展至今，硅藻已经被确认为河流水质以及生态质量评价中非常适合的指示生物。在全球范围内多个国家和地区，包括欧洲（法国、英国、德国、荷兰、比利时、西班牙、葡萄牙、芬兰、波兰、意大利、奥地利、爱沙尼亚）、南北美洲（美国、加拿大、哥斯达黎加、巴西、阿根廷）、非洲（南非）、亚洲（中国、日本、泰国、马来西亚、印度、土耳其）、大洋洲（澳大利亚、新西兰）等，均有关于硅藻水质评价的研究报道。特别是在欧洲和美国，硅藻评价方法已经成为大型河流水质生物监测项目的重要环节。2000 年，欧盟《水框架指令》和《欧洲议会指令》的颁布，将硅藻群落特征作为水生态系统评价的重要组成部分，选择生态状况良好的区域为参考点，研究硅藻群落在人类干扰条件下相对于参考区域的变异，以此为规范，制定欧盟成员国恢复良好水生态系统的标准。硅藻作为行之有效的生物评价指标，在多个欧盟国家得到广泛的推广和应用。在美国，至少有 20 个州已经建立起基于硅藻的水质监测网络，美国环境保护署（EPA）1999 年发布的《河流和浅层河流适用的快速生物评价议定书》（Rapid Bioassessment Protocols for Use in Streams and Wadeable Rivers：Periphyton, Benthic Macroinvertebrates and Fish, Second Edition，EPA 841 - B - 99 - 002），将硅藻样品采集的标准规范收编于内。由 EPA 开展的 2008—2011 年美国国内河流水质监测计划（National Rivers and Streams Assessment）将硅藻列为重要的生物监测手段。

　　初期，硅藻水质评价方法较为粗略，水质判断主要建立于关键指示种的有无出现。如 Kolkwitz 和 Marsson（1902）提出的腐殖度指数（Saprobic Index），将河段分成 5 个污染连续带，根据出现的指示种种类将采样点定性。从 20 世纪 60 年代开始，评价方法引入硅藻群落结构特征，考虑硅藻种类的出现和在群落中的丰度比例等参数，评价目的不再是单一的水质污染监测，开始对水体整体生态质量进行评估。随着硅藻个体生态学的发展，生态学家开发出数十种地域性的生物硅藻评价指数。最新版的软件 Omnidia 5.3 可以计算 17 种硅藻指数（CEE、DESCY、DI - CH、EPI - D、IDG、IBD、IDAP、IDP、IPS、LOBO、SHE、SID、SLA、TDI、TID、WAT、IDSE）。利用硅藻进行各种水体水质评价的方法正走向多样性发展。欧洲传统偏好于使用硅藻评价指数，常用的指数包括硅藻生物指数（Biological Diatom Index，IBD，Lenoir 和 Coste，1995）、硅藻营养化指数（Trophic Diatom Index，TDI，Kelly 和 Whitton，1995）、斯雷德切克指数（Sládeček's

Index，SLA，Sládeček，1986)、特定污染敏感指数（Specific Polluosensitivity Index，IPS，Cemagref，1982)、硅藻属指数（Generic Diatom Index，IDG，Cemagref，1982—1990)、戴斯指数（Descy Index，DESCY，Descy，1979）和欧盟硅藻指数（European Economic Community Index，CEE，Descy 等，1998）等。美国则倾向于通过多度量指标建立综合的生物完整性指数评价河流的健康状态，如肯塔基州硅藻污染耐受指数（Kentucky Diatom Pollution Tolerance Index，KYDPTI)、蒙大拿州硅藻污染指数（Montana Diatom Pollution Index，MTDPI)、河流硅藻指数（River Diatom Index，RDI）等。

国内硅藻监测评价技术尚处于初步阶段，关于应用硅藻进行水质评价的报道相对较少。邓洪平等通过分析硅藻群落结构及物种多样性，利用物种多样性指数及硅藻商对嘉陵江下游河段水质进行了生物学评价。辛晓云等利用硅藻群集指数（DAIpo）和一系列多样性指数对内蒙古自治区的岱海进行了水质评价。齐雨藻等应用硅藻群集指数（DAIpo）及硅藻群落结构对珠江广州河段的水质状况进行了评价。董旭辉等研究了常见的长江中下游地区的湖泊表层沉积硅藻属种对总磷指标的生态学特征，利用加权平均回归方法建立硅藻-总磷转换函数模型，为湖泊营养本底的定量重建提供基础。赵湘桂等以漓江为示范区，比较了硅藻监测指数（IPS 和 IBD）与我国现有河流物化监测的差异性，对漓江生态状况进行评估。

近年来，东江流域片区经济快速发展，城镇人口急剧增长，工业污水排放尚未得到有效管控，城镇生活污染治理设施建设滞后，东江水资源和水生生态系统保护面临严重的挑战。建立可靠的东江水质监测评价体系显得十分必要。目前，对于东江水系河流的水质监测多采用理化手段，其反映的结果只是采样瞬时水环境的物化特征。河流中附生硅藻群落反映各种污染物对河流水生物长期、累积、综合的生态效应，为十分有效的河流水质指示生物。本研究采用河流附生硅藻作为评价工具，建立东江河流水质的生物监测体系。

本书为探讨附生硅藻对于东江河流水质监测和生态质量评价的可行性，构建适合东江水系河流水质评价的附生硅藻生物监测体系，推广河流硅藻水质评价技术，进行以下内容的研究。

（1）河流中附生硅藻受人为干扰和自然因素等多种条件同时影响。采用数量分类和排序等多元统计方法，探讨硅藻群落结构的主要影响因素，区分水质指标和地理因素对附生硅藻群落的影响。

（2）硅藻评价指数的应用具有地域适应性的限制。采用统计分析手段，研究常用的硅藻评价指数在东江河流水质评价中的适用状况。

（3）利用多样性指数、硅藻评价指数和硅藻生态类群划分 3 种评价手段，对东江河流水质和生态质量进行不同层次的评价分析，探讨不同评价方法的优劣。

2. 计算方法

根据采用不同层次的生物属性，硅藻评价方法可以分为以下几类。

（1）生物量评价。监测项目包括干重、无灰干重、叶绿素含量和细胞密度。生物量评价灵敏度较低，因为水体环境的变化主要引起硅藻群落结构的变化（包括种类和种类丰度的改变），绝对生物量可能改变不大。另外，对于中等营养化和含毒物质的水体，生物量指标评价结果可靠性很低。

（2）多样性评价。考察物种丰富度、均匀度和优势种群比例等项目。多样性评价方法认为硅藻群落结构会发生季节变化，但物种多样性则会维持，季节变异较低。较常用的多样性指数有 Shannon - Wiener 多样性指数、Margalef 丰富度指数、Pielou 均匀度指数和 Simpson 物种优势度指数等。

（3）相似性分类评价。采用群落相似性指数，对比判断采样点硅藻群落与生态状况良好的自然参考点硅藻群落的差异进行水质评价。

（4）功能团层次评价。通过功能团（通常为种层次以上的分类学单位）所反映出的综合生态学特性进行评价，如利用硅藻商（中心纲种类与羽纹纲种类的丰度比值）进行水质评价；利用具有普遍生态指示作用的功能团，例如菱形藻属大量出现的水体通常被认为有机污染程度较重，而短缝藻属种类丰富的水体则相对清洁干净；利用形态功能团，如可移动的硅藻种类（包括布纹藻属、舟形藻属、菱形藻属、双菱藻属）能反映水体沉淀物的淤积状况。相对于种层次，属层次的评价方法较粗糙，只能做大致的生态评估。

（5）形态特征评价。例如通过硅藻细胞畸变，量化分析水体环境中重金属的污染程度。

（6）硅藻指数评价。大多数的硅藻评价指数基于 Zelinka 和 Marvan 的加权平均方程，方程中的最重要参数是确定每个进入指数的硅藻种对于污染程度的敏感值和耐受值（指示值）。早期，生态学家建立硅藻评价指数，硅藻种的敏感值和耐受值赋值的依据来源于分散的文献资料。随着硅藻个体生态学技术发展，敏感值和耐受值主要建立于大型的硅藻数据库和合适的数量统计技术。评价指数根据其研究目标目的的不同而不同。有些指数是为了研究水体中有机污染物浓度，如 SLA 和 DAIpo（硅藻群集指数，Diatom Assemblage Index to Organic Pollution）；有些指数是为了评价水体中营养物水平，如 TDI；有些指数是为了实现水质的综合评估，综合考虑水体中的有机物、营养物质浓度，如 IPS、IBD 和 IDG。

（7）生态类群评价。即将硅藻群落在特定生态因子谱上划分不同的生态类群，通过生态类群比例评价水体生态状态。如 Van Dam 依据硅藻承受有机污染的程度将硅藻划分为 5 个生态类群：贫污染性类群、β-中污染性类群、α-中污染性类群、α-中污染性或强污染性类群和强污染性类群。根据各类群比例即可判断水体有机污染程度。除了有机污染程度，Van Dam 还对酸碱度（pH 值）、盐度、有机氮吸收代谢、氧需求量、营养状态、湿度等生态因子划分了硅藻生态类群。Van Dam（1994）生态类群划分体系是应用最广泛的硅藻生态谱体系，除了 Van Dam 体系，还有 Lange Bertalot（1979）体系和 Hofmann（1994）体系等。

（8）多度量生态指标评价。多度量指标评价法认为基于个体生态特性的硅藻评价指数在实际生境中受多种环境因素干扰，其准确性会因各种干扰的强烈相互作用而下降，同时指出其对于人为干扰属于非线性响应模型。而线形模型的多度量指标能够克服以上问题，评价时通常综合多项生态指标，如物种多样性、敏感与耐受种比例、功能类群、生境类型等，建立复合的评价指数，可称为生物完整性指数（Indices of Biotic Integrity），进行水体综合生态质量评价。

1）为确定东江附生硅藻群落的主要影响因素，建立合理的基于附生硅藻的东江河流水质评价体系，本书同时运用多方位的分析方法，如主成分分析（PCA）、双向指示种分析（TWINSPAN）、对应分析（CA）、除趋势对应分析（DCA）、典范对应分析（CCA）和偏典范对应分析（pCCA）进行统计分析。

2）源于欧洲的硅藻评价指数在世界多个国家和地区得到使用。国内对于硅藻评价指数是否适用于我国河流水质评价和生态质量评估尚无定论。本书利用因子分析、聚类分析、箱型图分析、方差分析、判别分析、相关分析等多种统计技术，研究了IBD、TDI、SLA、IPS、IDG、DESCY及CEE这7项国际上常用的硅藻评价指数在东江河流水质评价中的适用性。

3）基于硅藻的水质评价研究一般采用单一的评价方法。本书同时采用3种评价手段（多样性指数、硅藻指数和硅藻生态类群）进行东江水质评价，并且比较分析了3种方法，提高了评价结果的可靠性。

东江干支流覆盖江西赣南、广东河源、惠州、东莞和广州等经济发达、人口密集的地区，由于污水排入和过度利用，东江水质下降，水资源供需矛盾日益严重，同时流域内水生态系统也受到严重威胁，为保护和修复东江流域水生态系统，制定合理的水资源开发利用和管理规程，保障流域内用水安全，建立东江流域水生态系统监测评价体系具有重要的实际意义。

前述研究已经确认东江流域附生硅藻群落变异主要为水质因素引起的。硅藻评价方法是东江流域河流水质评价和生态质量评估的合适方法。硅藻评价方法多样。

物种多样性指数是附生硅藻群落生物组成的重要指标，能揭示群落内部功能的完整性和群落系统的稳定性。因此，硅藻多样性指数可用来指示水环境变化。一般认为，在清洁水体中，物种较丰富，细胞个体数多，均匀性高，群落较稳定，而在污染水体中则相反。

硅藻评价指数方法是通过硅藻种个体生态行为的研究，量化每个进入指数的硅藻种对于水体污染程度的响应值，加权平均各个硅藻种的响应值进而建立评价指数，为十分精细的硅藻评价方法。本书中第3章已经确认7项常用硅藻评价指数（IBD、TDI、SLA、IPS、IDG、DESCY及CEE）中的IBD和IDG指数能很好地反映东江流域河流水质的变化，因此第3章也采用这两项指数进行评价分析。

Van Dam通过大量数据以溶解氧、承受有机污染程度、偏好营养状态等将河流硅藻群落划分为不同的生态类群。不同于指数评价，硅藻生态类群评价能区分水体环境中不同污染类型对于硅藻群落的影响，主要是因为不同生态特性的类群响应于不同的水化特性。由于我国缺乏对河流硅藻生态类群的系统划分，本书采用Van Dam硅藻生态类群划分方法。

本书通过以上三种硅藻评价方法，进行东江流域河流水质评价和生态质量评估，为建立基于附生硅藻的东江河流水质与生态健康评估体系提供研究基础。

（1）水生生物指数采用法国的硅藻监测技术及评价标准。法国硅藻分析主要使用两个指数：特定污染敏感指数（IPS）和硅藻生物指数（IBD），均是法国淡水水质监测的标准方法。这两个生物指数主要用来：①评价一个水域的生物质量状况；②监测一个水域生物质量的时间变化；③监测河流生物质量的空间变化；④评价某次污染对水环境系统带来的影响。

这两个指数的计算依据是样本中每个硅藻种类的丰富度，它们之间的不同之处主要是计算指数的数据库包括的硅藻种类不同：IPS 指数包括了所有硅藻种群（包括热带种群），IBD 指数包括 209 种在法国淡水中生活的指示型物种。

IBD 指数与水环境的物理化学特性相关性很好，最近更新的 IPS 指数对极值更为敏感，已经被法国标准协会推荐作为法国淡水水质监测的标准方法。

IPS 指数使用了样本中发现的所有分类物种信息，每个物种有对应的敏感级别（I）和指数值（V）的排序评分，其公式与 Zelinka & Marvan（1961）的类似，见式（1-12）。

$$IPS = \frac{\sum_{j=1}^{n} A_j I_j V_j}{\sum_{j=1}^{n} A_j V_j} \tag{1-12}$$

式中　A_j——j 物种的相对丰富度；

　　　I_j——数值为 1～5 的敏感度系数；

　　　V_j——数值为 1～3 的指示值。

IBD 指数应用了预先定义好的生态状态，描述了 500 种硅藻在 7 种不同水质类别情况下的出现概率，这 7 种水质类别是在 1331 个样本和 17 个目前使用的化学参数的基础上定义的。IBD 指数是每个调查中最具代表性物种（依据丰度下限选择）的分布重心。

$$F(i) = \frac{\sum_{X=1}^{n} A_X \times P_{\text{class}(i)} \times V_X}{\sum_{X=1}^{n} A_X \times V_X} \tag{1-13}$$

式中　$F(i)$——i 级水质情况下的加权平均出现概率；

　　　A_X——X 物种丰富度，‰；

　　$P_{\text{class}(i)}$——i 级水质情况下 X 物种的出现概率；

　　　V_X——指数值（从 0.34 到 1.66）；

　　　n——使用到的物种总数（丰富度≥7.5‰）。

$$B = F(1) + F(2) \times 2 + F(3) \times 3 + F(4) \times 4 + F(5) \times 5 + F(6) \times 6 + F(7) \times 7 \tag{1-14}$$

式中　B——分布重心，相当于 7 分制的 IBD，对应的 20 分制的 IBD，见表 1-11。

表 1-11　　　　　　　　　　　IBD 值 计 算 方 法

B 值	IBD/20	B 值	IBD/20
$0 < B \leqslant 2$	1	$6 < B \leqslant 7$	20
$2 < B \leqslant 6$	$(4.75 \times B) - 8.5$		

计算出的硅藻指数值可进行生态质量评价。由于 IPS 指数对于极值更为敏感，此处以 IPS 指数为标准进行评价，具体见表 1-12。

表 1-12 IPS 指 数 赋 分 方 法

指数值	赋 分	指数值	赋 分
IPS≥17	100	9＞IPS≥5	25～50
17＞IPS≥13	75～100	IPS＜5	0～25
13＞IPS≥9	50～75		

（2）底栖动物。

1）指标说明。生态完整性体现在各生物群落和种群的完整性中，如鱼类、底栖动物、藻类和浮游动物完整性等。底栖动物目前已被广泛应用于生态监测评估中，通过构建底栖动物完整性指数（B-IBI）可以对河湖的水生态现状进行较为全面和科学的评估。

2）计算说明。构建 B-IBI 指数的备选参数很多，需要根据具体情况选择。选择原则是备选参数一定能够充分地反映底栖动物群落组成、物种多样性和丰富性、耐污度（抗逆力）和营养结构组成及生境质量信息。

通过对候选生物参数的计算和分析，确定以 EPT 分类单元数、扁蜉占蜉蝣总数的百分比、前五位优势单元数量所占比例以及黏附者数量所占比例作为 B-IBI 生物参数指标。

3）评估标准。根据王备新等在 2010 年对漓江建立的 B-IBI 指数的计算方法和健康分级等级，B-IBI≥6 为健康，B-IBI＜6 为不健康。

（3）鱼类损失指数（FOE）。

1）指标说明。采用生物指标评估的生物物种损失方法确定。鱼类生物损失指数指评估区内鱼类种数现状与历史参考系鱼类种数的差异状况，调查鱼类种类不包括外来物种。该指标反映流域开发后，河流生态系统中顶级物种的受损失状况。

2）计算方法。鱼类生物损失指标标准建立采用历史背景调查方法确定。基于历史调查数据分析统计评估河流的鱼类种类数，在此基础上，开展专家咨询调查，确定本评估河流所在水生态分区的鱼类历史背景状况，建立鱼类指标调查评估预期。

鱼类生物损失指标计算公式如下：

$$FOE = FO/FE \tag{1-15}$$

式中 FOE——鱼类生物损失指数；

  FO——评估区调查获得的鱼类种类数量；

  FE——20 世纪 80 年代以前评估区的鱼类种类数量。

鱼类生物损失指数赋分标准见表 1-13。

表 1-13 鱼类生物损失指数赋分标准表

FOE	1	0.85	0.75	0.60	0.50	0.25	0
FOE$_r$	100	80	60	40	30	10	0

3）水生生物赋分方法。东江流域水生生物评估赋分方法公式为

$$AL_r = ZB_r \times ZB_w + ED_r \times ED_w + FOE_r \times FOE_w \tag{1-16}$$

式中 AL_r——水生生物评估赋分；

ZB_w、ED_w 和 FOE_w——底栖动物、附生硅藻和鱼类损失指数权重，分别为 0.3、0.4 和 0.3。

1.7.2.5 指标体系综合评估

东江流域指标体系综合评估分值按以下 3 种情况分别计算。

(1) 评估断面评估了河湖形态、水文情势、水质状况与水生生物 4 大指标，采用以下计算方式：

$$REIi_r = RM_r \times RM_w + HR_r \times HR_w + WQ_r \times WQ_w + AL_r \times AL_w \quad (1-17)$$

式中　　　　　　　$REIi_r$——东江流域综合评估分值；

RM_w、HR_w、WQ_w 和 AL_w——河湖形态、水文情势、水质状况与水生生物指标的权重，分别为 0.2、0.2、0.3 和 0.3。

(2) 评价断面仅评估河流形态、水质状况与水生生物指标，采用以下计算方式：

$$REIi_r = RM_r \times RM_w + WQ_r \times WQ_w + AL_r \times AL_w \quad (1-18)$$

式中　　　　$REIi_r$——东江流域综合评估分值；

RM_w、WQ_w、AL_w——河湖形态、水质状况与水生生物指标的权重，分别为 0.4、0.3 和 0.3。

(3) 评价断面仅评估河流形态与水质状况指标，采用以下计算方式：

$$REIi_r = RM_r \times RM_w + WQ_r \times WQ_w \quad (1-19)$$

式中　$REIi_r$——东江流域综合评估分值；

RM_w、WQ_w——河流形态与水质状况指标的权重，分别为 0.7 和 0.3。

1.7.2.6 公众满意度评估

通过收集分析 160 份公众调查表，统计有效调查表调查成果，根据公众类型和公众总体评估赋分，按照式（1-20）计算公众满意度指标赋分。

$$FLD = \frac{\sum_{n=1}^{NS}(RIVL_n \times RIVWF_n \times RIVB_n)}{\sum_{n=1}^{NS}(RIVL_n \times RIVWF_n)} \quad (1-20)$$

公众调查总体评估结论赋分，公众类型赋分统计权重见表 1-14。

表 1-14　　　　　　　　　　公众类型赋分统计权重

公众调查类型		权 重
沿库居民（河岸以外 1km 以内范围）		3
非沿库居民	水库管理者	2
	水库周边从事生产活动	1.5
	经常来旅游	1
	偶尔来旅游	0.5

1.7.2.7 总体评估

总体评估分值按式（1-21）计算：

$$RHI_r = REI_r \times REI_w + PP_r \times PP_w \quad (1-21)$$

式中　REI_w——东江流域指标体系分值权重。

1.7.2.8 分级指标评分法

河湖健康评估采用分级指标评分法、逐级加权、综合评分，即河湖健康指数（RHI）。河湖健康分为5级：理想状况、健康、亚健康、不健康、病态。河湖健康评估分级见表1-15。

表 1-15 河湖健康评估分级表

等级	类型	颜色	赋分范围/分	说　明
1	理想状态	蓝	80~100	接近参考状况或预期目标
2	健康	绿	60~80	与参考状况或预期目标有较小差异
3	亚健康	黄	40~60	与参考状况或预期目标有中度差异
4	不健康	橙	20~40	与参考状况或预期目标有较大差异
5	病态	红	0~20	与参考状况或预期目标有显著差异

2

东 江 流 域 概 况

2.1 自然地理

2.1.1 地理位置

东江是珠江流域的主要河流之一,其与西江、北江和珠江三角洲组成珠江。东江发源于江西省寻乌县桠髻钵山,上游称寻乌水,南流入广东省境内,至龙川县合河坝汇安远水后称东江。东江流域位于东经113°52′~115°52′,北纬22°33′~25°14′。东江为珠江水系的第三大水系,干流全长562km,其中广东省境内435km。东江流量较大,多年平均地表径流总量297亿 m³。东江流域属亚热带季风气候,多年平均气温为20.4℃,多年平均降雨量为1500~2400mm。流域地势东北高、西南低。流域内森林面积1.2万 km²,覆盖率达35.2%。东江流域位于珠江三角洲的东北段,南临南海,西南部紧靠华南最大的经济中心广州市,西北部与粤北山区韶关和清远两市相接,东部与粤东梅汕地区为邻,北部与赣南地区的安远县相接。地跨广东、江西两省,广东省境内包括河源市的源城区、紫金县、龙川县、连平县、和平县、东源县,韶关市的新丰县,惠州市的惠城区、惠阳区、博罗县、惠东县、龙门县,东莞市,广州市的增城区,深圳市的龙岗区和宝安区。东江流域(石龙以上)流域面积27239km²;东江流域(石龙以上)江西省面积为3524km²,占全流域面积的12.9%;东江流域(石龙以上)广东省面积23715km²,占东江总面积的87.1%。东江流域各市土地面积统计见表2-1。

表 2-1　　　　　　　　东江流域各市土地面积统计表

市　名	辖区总土地面积 /km²	东江流域土地面积 /km²	东江所占比例 /%
赣州	39317	3500	8.90
河源	15665	13605	86.85
惠州	11142	7013	62.94
东莞	2493	617	24.75
韶关	18639	1264	6.78

市　名	辖区总土地面积 /km²	东江流域土地面积 /km²	东江所占比例 /%
梅州	15844	272	1.72
深圳	1864	769	41.26
合计	104964	27040	25.76

该区域人口密集，约占广东省人口的 50%；经济发达，GDP 总量占全省总量的 70%。东江水系提供发电、航运、灌溉、渔业、防咸等多种功能，在该区域经济发展、国民建设和人民生活中起着举足轻重的作用。同时，东江还肩负着向香港特别行政区供给水资源的重任，为粤港经贸合作和资源共享提供有利条件。

近年来，随着东江流域经济发展和人口的急剧增长，水资源的供需矛盾日益暴露出来。同时，未经处理而直接进入河段中的污染物在逐年增加，给东江水生生态系统造成了灾难性的影响。因此，通过水质监测和河流健康评估，制订生态治理方案，提高东江水资源质量，恢复东江水生生物多样性，显得十分迫切。

2.1.2 自然环境

东江流域地势东北部高、西南部低。高程 50～500m 的丘陵及低山区约占 78.1%，高程 50m 以下的平原地区约占 14.4%，高程 500m 以上的山区约占 7.5%。

东江流域北部山区最广，统称九连山脉，其南端一段为广东、江西两省天然边界，主峰在连平县东，高程约 1300m。南部山脉分列在东江两岸，右岸有自河源市西南的桂山（高程约 1256m）至博罗县的罗浮山（高程约 1280m）成一长列，走向为西北至东南。左岸则分两列：一列为介于西枝江与海丰县独立出海的黄江之间的莲花山、茅山顶，均高达 1336m，为东江流域中广东省境内的最高山峰；另一列为西枝江与秋香江的分水岭，高度稍低，亦高达 1000m 以上，如 1186m 的鸟禽山、1125m 的鸡笼山，走向均为东北至西南。

东江流域的区域地质，上、中游以下古生界地层较发育，上、中生界地层及中、新界地层分布较少。古生界地层多变质岩或轻度变质，主要有长石石英砂岩、粉砂岩、片岩、页岩等。石灰岩多见于和平、连平、新丰、龙门等地，即新丰江上游及干流两岸地区。中生界侏罗系中，下统地层分布于干流及秋香江，为砾岩及砂页岩。上统地层在惠州以南及西枝江一带，从西到东广泛分布，为火山岩系的英安斑岩、安山玢岩、凝灰岩等。新生代第三系红色砂岩层分布于龙川、河源、惠州等地，多呈盆地沉积，丘陵地貌。燕山期花岗岩在流域的分布除佛岗—河源岩体做东西展布外，散布各处，但与断裂构造仍有密切关系。

构造褶皱和断裂发育，北东走向的深圳断裂和罗浮山断裂分别从南东侧和北西侧通过，构成整个地质构造的基本格局。其中大部分继承较老的构造生成或在这个基础上发展，多为垂直断裂。中生代燕山期花岗岩侵入是地壳活动最剧烈时期，主干构造有莲花山断裂带。在南部压扭性糜棱岩及破碎影响带宽达数十公里，动力变质及同化混染作用强烈。西南端从深圳市宝安区沿北东方向经惠阳、惠东、海丰延至韩江流域，为特大的断裂带。

东江的主要断裂构造带属华夏、新华夏系，走向北东、北北东。河源断裂带属压扭性，纵贯东江干流河源以上河段并延长至江西省南部。它控制着第三系地层的分布、部分花岗岩的侵入和东江某些河段的发育。

由于东江干流及部分支流上游，古生界地层构造复杂，风化深厚，在某些特定条件下（如水库蓄水）会发生水库诱发地震。流域内历史上发生过的最大地震为1962年3月19日河源地震，震中位置在河源断裂与其他断裂交叉点上，震级6.1级，属于诱发地震，源于河源断裂的存在与新丰江水库的兴建，是由新丰江水库水体水文地质条件的改变和水重所诱发引起的，为一种特殊的地震形式，目前已呈衰减趋势。

2.1.3 河流水系

东江干流由东北向西南流，河道长度至石龙为520km，至狮子洋为562km。河口狮子洋以上流域总面积35340km²，石龙以上流域总面积27040km²，其中广东省境内23540km²，占87.06%，江西省境内3500km²，占12.94%，河道平均坡降0.39‰。主要支流自上而下有安远水、浰江、新丰江、船塘河、秋香江、公庄河、西枝江、淡水河和石马河等。东江流域主要河流情况见表2-2。

表2-2　　　　　　　　　　　东江流域主要河流情况

河名	级别	发源地	河口	流域面积 /km²	河流长度 /km	平均比降 /‰
东江	干流	江西寻乌县桠髻钵山	东莞石龙	23540/27040	393/520	0.39
安远水	1	江西安远县大岩洞	龙川合河口	751/2364	46/140	1.98
浰江	1	和平县杨梅嶂	和平东水街	1677	100	2.20
新丰江	1	新丰县云髻山亚婆石	河源市	5813	163	1.29
船塘河	2	龙川县火影山	河源合江	2015	104	1.08
秋香江	1	紫金县黎头寨	紫金古竹江口	1669	144	1.11
公庄河	1	博罗县糯斗柏	博罗泰美	1197	82	4.03
西枝江	1	紫金县竹坳	惠州城东新桥	4120	176	0.60
淡水河	2	宝安县梧桐山	惠阳紫溪口	1308	95	0.57
石马河	1	宝安县龙华镇大脑壳山	东莞桥头	1249	88	0.51

浰江：发源于和平县杨梅嶂，东南流经浰源、热水、合水、林寨，于东水街注入东江。流域面积1677km²，长100km，平均比降为2.20‰。

新丰江：珠江水系东江的一条支流，在广东省中部，发源于新丰县云髻山亚婆石，东流经新丰县、连平县、东源县，于源城汇入东江，流域面积为5813km²，全长163km，平均比降为1.29‰。在距河源市仅6km的新丰江下游亚婆山峡谷出口处建立了一个水电站，形成了一个广东省最大的人工湖——新丰江水库。

秋香江：源于紫金县黎头寨，西南流经紫城、瓦溪、蓝塘、风安，于古竹镇的江口注入东江。流域面积1669km²，长144km，平均比降为1.11‰。

公庄河：源于博罗县糯斗柏，流经公庄、杨村，于泰美镇沐村注入东江。流域面积1197km²，长82km，平均比降为4.03‰。

西枝江：东江第二大支流。发源于紫金县竹坳，流经惠东、惠阳、惠州城等县区，于惠州城东新桥汇入东江。流域面积 4120km²，长 176km，平均比降为 0.60‰。

淡水河：源于广东省宝安县梧桐山，流经惠阳县城淡水，于紫溪口注入西枝江。流域面积 1308km²，长 95km，平均比降为 0.57‰。

石马河：源于宝安县龙华镇大脑壳山，北流经龙华、观澜进入东莞市塘厦、樟木头，于桥头镇建塘注入东江。流域面积 1249km²，长 88km，平均比降为 0.51‰。

2.2 水文气象

2.2.1 气候

东江流域属亚热带气候，高温、多雨、湿润、日照长、霜期短，四季气候较明显。春夏多为东南风，秋冬多为西北风，7—10 月为台风盛季。

流域年平均气温 20～22℃，年内最高气温出现在 7 月，平均气温 28～31℃；最低气温在 11 月，平均气温 11～15℃，东北部山区冬季间或有冰雪。

流域内降水较为丰沛。据统计，流域内多年平均降水量 1751mm，但时空分布不均，空间分布是中下游比上游多，西南多，东北少，由南向北递减。降雨年际变化较大，年内分配也不均匀，每年 4—9 月的雨量占年降雨量的 80% 左右。因此，年内降雨量分布基本呈双峰型，第一个高峰值一般发生在前汛期的 6 月；第二个高峰值一般发生在后汛期的 8 月，汛期（4—9 月）的降雨量占全年的大部分，各地均达八成左右。

流域内蒸发分布趋势：西南多，东北少，但地区变化幅度不太大。流域多年平均蒸发量在 980～1150mm，平均蒸发量约 1100mm。其中，博罗站年均蒸发量 1150mm，为流域最高值；龙川站年均蒸发量 980mm，为流域最低值。

流域内多年平均风速 2.4m/s，1 月最大，8 月最小，历史上最大风速为 27m/s（1979 年 8 月 2 日），全年最多风向是东北偏北。

2.2.2 水文

东江流域是珠江的三大水系之一，位于珠江三角洲的东北端，流域面积 35340km²，占珠江流域面积的 5.4%。东江干流全长 562km，发源于江西寻乌县桠髻钵山，于东莞石龙镇分南、北两条水道注入狮子洋。集水面积大于 1000km² 的支流有 8 条，分别为安远水、浰江、新丰江、船塘河、秋香江、公庄河、西枝江和石马河。东江干、支流上游山区河流，由于河窄坡陡，洪水暴涨暴落，水位变化较大。东江干流中、下游，由于河宽坡缓，水位变化较小。东江干流主要测站实测水位特征值见表 2-3。

东江洪水主要是锋面雨和台风雨所造成的，前汛期（4—6 月）主要是锋面雨洪水，后汛期（7—9 月）主要是台风雨洪水，其特点是：山区河流汇流时间短，峰值大，易涨易退；干流峰高、量大，持续时间长，易造成洪涝灾害。

东江最枯流量，在未建"三大水库"以前，枯水流量较小，东江三大水库建成后，干流枯水流量一般可达 200～300m³/s。

表 2-3　　　　　　　东江干流主要测站实测水位特征值表（基面：珠基）

站　名		龙川	河源	惠阳	博罗	石龙
最高	水位/m	73.73	41.13	17.57	15.68	7.82
	出现时间（年-月-日）	1964-06-16	1964-06-16	1959-06-16	1959-06-16	1959-06-16
最低	水位/m	63.07	30.18	5.82	4.58	-0.15
	出现时间（年-月-日）	1963-06-02	1960-03-11	1997-03-05	1955-05-05	1972-03-24

东江干流主要测站实测流量特征值见表 2-4。

表 2-4　　　　　　　　东江干流主要测站实测流量特征值表

站　名		龙川	河源	岭下	博罗
最高	流量/（m³/s）	11000	9560	10900	12800
	出现时间（年-月-日）	1964-06-16	1964-06-16	1959-06-16	1959-06-16
最低	流量/（m³/s）	5.3	18.0	25.6	23.1
	出现时间（年-月-日）	1977-05-10	1991-07-11	1955-05-03	1960-03-11

东江流域植被尚好，河流含沙量不多，据博罗站 1954—2002 年资料统计，多年平均含沙量为 0.103kg/m³。多年平均输沙量为 247.47 万 t，最大年输沙量为 1959 年的 580 万 t，最小为 1963 年的 32.5 万 t。由于 20 世纪 80 年代末至 90 年代初在东江下游及三角洲河段大量采砂，河流输沙量补充不足，造成东江下游河段的河床下切，河槽失沙严重。

东江流域是珠江流域重要水域和主要水源地，设有饮用水源地 63 个（占珠江片总数的 12.7%）。流域水资源丰富，总量约为 357 亿 m³（占珠江片总量的 6.8%）；但人均水资源拥有量较小，为 1327m³/人，不到珠江片平均水平（2724m³/人）的一半；水资源开发利用率较高，2012 年接近 25%（珠江片为 17.2%）。

2.2.3　植被与土壤侵蚀

流域内植被属南亚热带季风常绿阔叶林和南亚热带草被以及人工营造的针叶林，常年青绿。大部分山地、丘陵已基本绿化。特别是经过近十多年的封山造林绿化和水土流失治理，东江干流和部分支流及粤东沿海植被尚好，惠州市森林覆盖率达 58.5%，河源市森林覆盖率已达 71.7%，但在东江干流上游的龙川、紫金两县和西枝江流域的惠东、惠阳部分地区植被覆盖率低，水土流失仍然较严重，是整治水土流失的重点区。

2.3　社会经济

东江流域是珠江经济较发达、人口较集中的地区，跨广东和江西两省，涉及江西赣州的定南、寻乌、安远 3 县以及广东的河源、广州、惠州、东莞、深圳 5 市。2012 年东江流域常住总人口约 2691 万人（占珠江片总人口的 14.0%），地区生产总值达 19167 亿元（占珠江片经济总量的 5.1%），第一产业、第二产业、第三产业的结构比例为 1.4∶48.3∶50.3。东江流域内经济发展极不平衡，中下游地区经济发展程度远高于上游地区。

源头江西 3 县属于赣南原中央苏区，由于自然条件和历史等多种原因，经济发展较缓，第二产业和第三产业比较薄弱，主要支柱产业为稀土、矿业开采、果树种植；中下游包括广东河源和东江三角洲（属于珠江三角洲）地区，各市县第二产业和第三产业并重，发展外向型经济，其中河源是广东省重要的农业生产基地，广州的增城、东莞、深圳均是广东省的经济大户。

东江流域具有南岭山地、近海岛屿湿地和东江水系为主体的生态格局，流域生物资源丰富，拥有国家级自然保护区 3 个、水产种质资源保护区 2 个。在《全国主体功能区规划》中，东江流域上游江西 3 县划为南岭山地森林及生物多样性生态功能区，属于国家重点生态功能区和限制开发；下游东江三角洲部分则属于珠江三角洲优化开发区域。

根据国家战略规划，国家将重点扶持赣南等原中央苏区，扭转苏区经济社会发展落后的局面。《赣闽粤原中央苏区振兴发展规划》和《国务院关于支持赣南等原中央苏区振兴发展的若干意见》均指出，打造赣南地区为全国有色金属产业基地、先进制造业基地和特色农产品深加工基地，建设现代产业体系，工业化、城镇化水平进一步提高，综合经济实力显著增强，人均主要经济指标与全国平均水平的差距明显缩小。

2.4 水利工程建设情况

2.4.1 供水工程及梯级建设情况

东江流域（石龙以上）建有新丰江、枫树坝、白盆珠 3 座大型水库。新丰江水库于 1962 年建成，总库容 138.96 亿 m^3，集水面积 5734 km^2；枫树坝水库于 1974 年建成，总库容 19.32 亿 m^3，集水面积 5150 km^2；白盆珠水库于 1985 年建成，总库容 12.2 亿 m^3，集水面积 856 km^2。

东江流域（石龙以上）已建成 3 项引水工程：粤港供水工程、深圳市东江水源工程和大亚湾引水工程。粤港供水工程取水口位于东江干流东莞市桥头镇，供水对象为香港（11 亿 m^3）、深圳（8.73 亿 m^3）、东莞（4 亿 m^3），调水规模 24.23 亿 m^3/a；深圳市东江水源工程取水口位于东江干流惠阳区水口镇和西枝江，供水对象为深圳市，调水规模 7.2 亿 m^3/a；大亚湾引水工程，取水口位于东江干流惠阳区水口镇和西枝江惠阳区，供水对象为大亚湾经济开发区，调水规模 0.5 亿 m^3/a。

经过 50 多年大规模的水利工程建设，东江流域除建成了上述骨干工程外，还筑成江河堤防 213 条，共长 956.35km；建成大型水库 5 座，中型水库 53 座，小（1）型以下水库 840 座，总库容 190.20 亿 m^3；引水工程 6108 宗，流量 100.8 m^3/s；建起机电排灌站 129 座共装机 9.82 万 kW；兴办水电站 702 座，共装机容量 70.76 万 kW，年发电量 26.44 亿 kW·h；治理水土流失面积 1817 km^2。

东江干流枫树坝以下共布置 14 个梯级，分别为河源市的龙潭、稔坑、罗营口、苏雷坝、枕头寨、蓝口、白坭塘、黄田、木京、横圳（风光）、沥口（观音阁）电站和惠州市的下矶角（福园）、博罗（剑潭）电站及东莞市的石龙电站，工程特性见表 2-5。其中，已经建设完成的有枕头寨、木京；正在建设中的有蓝口、黄田、横圳（风光）、博罗（剑潭）。

表2-5

东江干流部分已建梯级开发工程特性表

项目	龙潭	稳坑	罗营口	枫头寨	柳城	蓝口	黄田	木京	横川(风光)	沥口(观音阁)	博罗(剑潭)
地理位置	龙川县黎明镇	龙川县黄石镇黄傍村	和平县东水镇罗方村	龙川县城郊	东源县柳城镇	东源县黄田镇白泥塘	东源县黄田镇桂花村	东源县仙塘镇木京村	源城区风光村	紫金县沥口村	惠城区湄洲
开发任务	发电、航运	发电、航运、灌溉、反调节	发电、航运、灌溉	发电、航运、灌溉	发电、航运、灌溉	发电、航运、灌溉	发电、航运、灌溉	发电、航运、灌溉	发电、航运、灌溉、供水、反调节	发电、航运、灌溉	改善水环境、发电、航运
坝址以上流域面积/km²	5356	5500	7360	7900	8153	9184	9428	9830	16034	17124	25325
多年平均年径流量/亿 m³	41.15	43.00	57.50	64.60	67.46	72.37	73.80	82.30	125.80	133.90	197.30
多年平均流量/(m³/s)	129.4	140.6	193.1	205.0	213.9	242.6	247.4	260.0	526.0	552.0	738.7
正常蓄水位/m	90.5	84.5	77.0	67.0	60.0	54.0	48.0	42.0	34.0	27.0	10.5
利用水头/m	6.1	7.0	4.4	4.5	5.0	5.0	5.0	5.2	4.0	5.0	4.0
装机容量/10⁴kW	1.40	2.50	0.5×3	1.25	2.55	2.60	2.00	3.00	2.49	3.50	4.60
多年平均年发电量/(亿 kW·h)	0.5896	0.7535	0.6416	0.6670	0.8254	0.845	0.9358	1.0800	1.4800	1.8000	2.6700
年利用小时/h	4211	3014	3893	5206	3173	3250	3250	3600	4933	5143	5806
工程等别	Ⅲ	Ⅲ	Ⅲ	Ⅲ	Ⅲ	Ⅲ	Ⅲ	Ⅲ	Ⅲ	Ⅲ	Ⅲ
设计洪水标准/a	20	30	30	30	30	30	30	30	50	50	50
设计洪水流量/(m³/s)	3217	5633	6103	6180	6315	6620	6693	7143	10021	10173	10533
校核洪水标准/a	100	100	100	100	100	100	100	100	200	200	200
校核洪水流量/(m³/s)	6882	7053	8120	8330	8469	8786	8860	9550	11763	11900	12070
拦河闸闸孔数/孔	7	11	14	24	15	14	15	15	20	19	21
拦河闸每孔净宽/m	15	14	14	9	14	14	14	14	14	14	14
闸底高程/m	85.0	77.0	75.5	63.8				35.0			
闸顶高程/m	100.5	91.0	87.8	70.0				46.5			
通航船只吨级/t	50	50	300	100	300	300	100	100	300	300	500
淹没土地/亩	649	1931	1530	1475	480	445	128	7871	3706	2396	300
总投资/亿元	1.34	2.10	2.24	0.51	2.64	2.81	2.71	4.50	5.59	5.69	8.99
单位千瓦投资/(元/kW)	9584	10500	12817	4052	10167	10815	10409	11365	18643	14257	18130
单位电度投资/[元/(kW·h)]	2.51	3.30	3.29	0.78	3.20	3.33	3.20	3.17	4.05	2.78	3.12
影响人口/人	30	250	2824	6221	600	546	157	6517	3643	2443	0

2.4.2 流域堤防工程建设情况

东江流域堤防工程主要是以东莞大堤和惠州大堤为主。2016 年，东莞大堤和惠州大堤基本建成。

东莞大堤位于东莞市东北部的东江下游，自常平镇九江水大榄树横堤开始，途经桥头镇、企石镇、石排镇、茶山镇、附城、莞城至篁村区的周溪，是目前的桥头围、五八围、福燕洲围、京西鳌围、东莞大围 5 条主要东江堤围的统称，全长 63.71km，它捍卫着东莞市政治、经济和文化中心的莞城等 11 个镇（区），并担负着捍卫广深铁路常平至石龙段约 15km 及常平火车站、莞樟及莞龙主要公路干线、桥头东江站太园抽水站至旗岭站段 11km 的东深供水工程。

惠州大堤总长 41.9km，集水总面积 319km²，捍卫耕地面积 13.6 万亩。南堤走向依西枝江和东江左岸沿江而下，东起三栋镇紫溪，西止梅湖泗湄洲，全长 22.3km，现有堤围大部分防洪标准为 20 年一遇，部分堤围防洪标准仅为 5 年一遇。北堤走向依东江右岸沿江而下，东起汝湖古仙村，西止小金口镇风门坳村，全长 31.91km。

2.5 水功能区

根据《全国重要江河湖泊水功能区划（2011—2030 年）》《广东省水功能区划》和《江西省水功能区划》，东江共划分为 41 个一级水功能区，其中保护区 8 个、保留区 17 个、缓冲区 3 个、开发利用区 13 个、长度为 841.4km。在 41 个水功能区中，江西省有 16 个，广东省有 25 个。东江各行政区水功能区区划见表 2-6，东江省界水功能区区划见表 2-7。

表 2-6　　　　　　　　　　　东江各行政区水功能区区划表

省份	保护区数量/个	保留区数量/个	缓冲区数量/个	开发利用区数量/个
江西省	3	8	2	3
广东省	5	9	1	10
合计	8	17	3	13

表 2-7　　　　　　　　　　　东江省界水功能区区划表

水功能区	行政区	所在河流	起始断面	终止断面	代表河长/km	水质目标
寻乌水赣粤缓冲区	江西省、广东省	寻乌水	江西、广东省界上游 10km	江西、广东省界下游 10km	20.0	Ⅲ
定南水赣粤缓冲区	江西省、广东省	定南水	江西、广东省界上游 10km	江西、广东省界下游 10km	20.0	Ⅲ

2.6 水资源概况

东江多年平均地表水资源量为 273.8 亿 m³，折合径流深 1005mm。其中，广东省境内多年平均地表水资源量为 243.6 亿 m³，占流域地表水资源总量的 89.0%；江西省境内多年平均地表水资源量为 30.2 亿 m³，占 11.0%。

东江山丘区地下水类型以基岩裂隙水和岩溶水为主，补给来源比较单一，主要是接受大气降水；流域平原区地下水类型以孔隙水为主，补给源主要为大气降水和地表水。东江地下水资源与地表水资源的分布规律基本一致，多年平均地下水资源量为 74.9 亿 m³，地表水与地下水不重复水资源量为 0.1 亿 m³。

东江多年平均水资源总量为 273.9 亿 m³。其中，广东省境内多年平均水资源总量为 243.7 亿 m³，占流域水资源总量的 89.0%；江西省境内多年水资源总量为 30.2 亿 m³，占 11.0%。东江（不含东江三角洲）多年平均地表水资源可利用量为 105.8 亿 m³，可利用率为 38.6%。

2.7 水环境现状

东江流域上游工业不太发达，无大型污染源，水质较好。流域中、下游社会经济发展较快，目前各地工矿企业废水和城镇居民生活污水未经处理直接排泄，农业生产的农药残余部分亦排入江河，造成水质污染日趋严重，流域的水环境状况堪忧。

《2014 年广东省水资源公报》显示，从东江流域水质来看，评价河长 1348.0km，无 I 类水体，II 类～III 类河长为 1120.0km，占评价河长的 83.1%；IV 类～劣 V 类河长为 228.0km，占评价河长的 16.9%。超标项目主要为氨氮、高锰酸盐指数、溶解氧、总磷和五日生化需氧量等。与历年公报数据对比，2015 年东江流域的水环境质量保持稳定。

此外，自 2008 年以来的水质监测结果表明，东江干流水质总体良好，但局部及部分支流受到较重污染。

(1) 东江寻乌水、安远水赣粤省界河流水质均为劣 V 类。

(2) 干流惠州城区以上枫树坝水库以下河段水质全年保持 II 类。

(3) 惠州城区以下至东莞桥头河段水质以 III 类为主。

(4) 东莞桥头以下河段水质多以 IV 类～V 类为主。

(5) 支流秋香江、浰江水质为 II 类。

(6) 西枝江平山以上河段为 II 类～III 类，平山以下河段基本为 IV 类～劣 V 类。

(7) 淡水河、龙岗河水质污染严重，常年为劣 V 类。

2.7.1 总体水质情况

2014 年参与评价水质监测断面共 55 个，其中河流断面 37 个，水库断面 17 个，湖泊断面 1 个。水质为 I 类～III 类的断面为 35 个，占 63.6%，较 2013 年上升 3.2%；IV 类～劣 V 类的断面有 20 个，占 36.4%。监测评价总河长 1483km，其中水质优于 III 类的河长 1105km，占 74.5%，较 2013 年上升 1.8%。

东江干流监测评价河长 393km，其中 II 类水质河长 278km，占 70.7%，III 类水质河长 73km，占 18.6%，V 类水质河长 42km，占 10.7%。

监测的 15 条支流，评价总河长 1090km，其中水质优于 III 类的河长 754km，占 69.2%，较 2013 年上升 2.5%；水质劣于 III 类的河长 336km，占 30.8%。主要支流中浰江、新丰江、秋香江、西枝江紫溪以上河段、沙河上游、增江水质较好，其他支流水质较差，其中淡水河、西枝江紫溪以下河段污染严重，主要污染指标是氨氮、五日生化需氧量、溶解氧等。

2.7.2 省界水质情况

2014 年两个省界断面水质未达标，寻乌水和定南水省界缓冲区均为Ⅳ类，主要超标项目是氨氮；市界断面水质 3 个达标、2 个未达标，深圳到惠州的两个市界断面水质均未达标，主要超标项目是氨氮、化学需氧量和总磷。

2.7.3 水功能区水质状况

在参评的 45 个水功能区（包含二级水功能区）中，达标数是 31 个，达标率为 68.9%。其中，保护区中东深供水渠保护区和东江东深供水水源地保护区的水质均达不到Ⅱ类标准，超标因子是氨氮，保护区总体达标率是 75%；保留区中寻乌水寻乌保留区和定南水定南保留区的水质不达标，为劣Ⅴ类水体，总体达标率是 88.3%；缓冲区 2 个均不达标，超标因子是氨氮，达标率是 33.3%；开发利用区 8 个不达标，超标因子主要是氨氮，总体达标率是 57.8%。

2.8 开发利用中存在的问题

（1）上下游经济发展不平衡，缺乏协调机制，水系连通性下降。东江流域上游江西省相对比较落后，2012 年人均 GDP 仅为 1.3 万元，不到广东省的 1/5（7.2 万元/人）。江西省为了确保源区水质安全，开展了水源涵养和保护、污染治理、退果还林、源区原住民外迁等一系列水资源保护工作，同时还在项目引进上设置了生态保护门槛。但地区发展水平的落后和经济基础的薄弱使得江西省开展水资源保护工作十分吃力，资金缺口较大。而广东省对于水资源保护的投入较多，但受制于上游来水较差且缺乏与江西省的协调机制，省界的水资源保护成效受到影响。

东江流域分布着东江源国家湿地公园、东江源平胸龟国家级水产种质资源保护区等保护区。但东江河段水电开发强度较大，造成部分河段河道渠化，河流天然径流变异程度较大，同时阻隔鱼类生境，水系连通性下降。

（2）东江上游区域涵养能力降低、面源污染加剧、省界断面水质常年超标。上游区域以农业和种植业为主。随着农田开垦、种植果树和采伐等活动的增加，东江源区植被覆盖率（69%）比 40 年前（84%）有所降低，上游区域水源涵养能力逐年下降。

寻乌水和定南水中下游特殊的崩岗地貌、稀土和钨等矿产开采、果业引起的水土流失，脐橙等果业、农业和规模化养殖等引起的农业面源污染，农村生活垃圾和污水引起的农村生活面源污染，库区养殖引起的内源污染，均造成局部水质下降。目前整个东江源的水功能区的达标率仅为 72%，其中寻乌水中段和定南水水质较差，主要污染物为氨氮等。

江西、广东省界水质长期不达标（Ⅲ类），支流定南水劣于干流寻乌水，近年虽有所好转，但非汛期基本仍为Ⅳ类以下，主要污染物为氨氮。

（3）东江中游河源段部分入库河流水质下降，库区存在内源污染，水系连通性较差，局部地区水生生态退化。东江中游河源的森林覆盖率为 72%，但商品林（速生桉）多，生态林少；部分县或乡镇的污水处理能力不足造成农业、农村生活、乡镇企业引起的农村面源任意排污，崩岗地貌和违规采矿造成水土流失，造成多条入库支流如灯塔河、下林河、双田村河等水质受到一定影响。新丰江、枫树坝库区内遗留的矿厂及尾矿、库湾渔业养殖还造成了内源污染。目前该段水源地水质达标率为 81%，水功能区水质达标率 67%，主要超标因子为氨氮和 DO。

由于水库的调蓄作用，目前东江河源段河道生态基流和敏感生态需水保障程度尚好，但新丰江、枫树坝水库等水库和梯级的建设引起局部河道渠化，同时阻隔鱼类生境，水系连通性下降，造成洄游性、半洄游性鱼类所占比例下降。

（4）东江下游水资源开发利用程度高，水质污染压力大，部分区域生态问题严重。东江下游属于我国重要的经济增长极珠江三角洲地区，社会经济发展迅猛，水资源开发利用程度较高，目前开发利用率已达 30%。随着地区经济快速发展，人口持续增加，排污量亦不断增长，即使大部分废污水处理达标，排污总量亦远超环境容量。东江下游排污口众多且设置不尽合理，加之潮汐河流水动力条件复杂，造成水质污染严重，水功能区水质达标率仅为 36%；其中干流东莞桥头以上河段水质较好，达到或优于 Ⅲ 类，下游河段为 Ⅳ 类，主要的超标项目为氨氮、五日生化需氧量等。流经城区的河流如石马河、观澜河、龙岗河、坪山河大多水相黑臭、水面积萎缩、生物多样性降低。东江下游白盆珠水库、深圳水库、铁岗-石岩水库等重要水库受上游地区工业污染排放、库区养殖、库区周边土地开发以及农业面源影响，存在水库周边生态破坏、水环境污染、库容淤积、水体富营养化等问题。

东江下游属于感潮河段，潮蓄量充足，生态流量和敏感生态需水的保障目前基本良好，但水污染对水生生境造成危害；社会经济发展挤占生态空间，惠州潼湖等面积减少 35%；大量的开发一定程度上改变了水文情势，对鱼类的洄游繁殖有一定影响；滩涂围垦和不合理的采砂作业破坏鱼类栖息地；酷渔滥捕造成渔业资源下降。

3 河流物理结构形态调查与分析

3.1 河流连通性

3.1.1 数据来源

河流连通性主要调查河流闸坝阻隔情况。该指标调查以遥感为主，通过卫星遥感图像分析各个评估河段闸坝数量与分布情况，同时结合现场查勘与资料搜集，如翻查广东省水利电力勘测设计研究院撰写的《东江梯级开发现状及存在问题浅析》，前往广东省东江流域管理局调研等，了解鱼道设置及运行情况。

截至 2016 年，东江流域建成大型水库 5 座，中型水库 53 座，小（1）型以下水库 840 座。干流共布置 20 个梯级，支流新丰江布置了 8 个梯级，支流西枝江中布置了 5 个梯级，支流增江布置了 13 个梯级。东江流域评估范围内梯级电站特性见表 3-1。

表 3-1　　　　　　　　　东江流域评估范围内梯级电站特性表

河流	梯级电站	装机容量/kW	河流	梯级电站	装机容量/kW
东江	东江源	640	东江	柳城	25500
东江	京源	800	东江	蓝口	25500
东江	太湖	550	东江	黄田	20000
东江	长潭峰	2400	东江	木京	30000
东江	狮子峰	3400	东江	风光	24900
东江	斗晏	37500	东江	沥口	—
东江	渡田河	3170	东江	剑潭	30000
东江	枫树坝	52000	西枝江	大新	1580
东江	龙潭	14000	西枝江	文水潭	960
东江	稔坑	20100	西枝江	白盆珠	24000
东江	罗营口	18000	西枝江	上鉴陂	3200
东江	苏雷坝	14800	西枝江	西枝江	5000
东江	枕头寨	12500	新丰江	丰城	1890

续表

河流	梯级电站	装机容量/kW	河流	梯级电站	装机容量/kW
新丰江	狮石滩	1160	增江	西林	1260
新丰江	涧下	1000	增江	樟潭	2520
新丰江	伟能	2000	增江	花竹	2400
新丰江	鲤鱼坝	840	增江	裕源	1890
新丰江	青龙潭	750	增江	虎跳	2900
新丰江	新桥	1250	增江	仙女峰	4500
新丰江	新丰江	355000	增江	西莲	2000
增江	天堂山	19500	增江	白庙	4050
增江	科富渡头	960	增江	正果	4800
增江	渠首	3300	增江	初溪	6000

3.1.2　评估结果

根据《方法（1.0 版）》中的河流连通性计算和赋分方法，采用东江各评估分区中遥感及规划中所得梯级调查汇总数据，可得出东江各评估分区河段的河流连通性 RC_r 分数。

由于干流、支流梯级均无鱼道，对部分鱼类迁移有阻隔，根据河流连通性赋分标准，有梯级电站功能区均为 25 分。东江干流上游寻乌水存在多个梯级电站且均无鱼道，各评分分区均为 25 分；由于东江干流存在多个梯级且均无鱼道，所以东江干流各评分分区均为 25 分；支流定南水无梯级电站，评分分区均为 100 分；支流新丰江有梯级电站，评分分区均为 25 分；支流增江有梯级电站，评分分区均为 25 分；支流西枝江有梯级电站，评分分区均为 25 分。东江流域河流连通性评估分数见表 3-2。

表 3-2　　　　　　　　　东江流域河流连通性评估分数表

序号	水功能一级区	水功能二级区	梯级电站	评分
1	寻乌水源头水保护区		东江源、京源、太湖	25
2	寻乌水寻乌保留区		长潭峰、狮子峰、斗晏、渡田河	25
3	寻乌水赣粤缓冲区			25
4	东江干流龙川保留区			25
5	东江干流佗城保护区		枫树坝、龙潭、稔坑、罗营口、苏雷坝、枕头寨	25
6	东江干流河源保留区		蓝口、柳城（白坭塘）、黄田、木京	25
7	东江干流河源开发利用区	东江干流古竹饮用、农业用水区	横圳（风光）、沥口（观音阁）	25
8	东江干流博罗、惠阳保留区			25
9	东江干流惠阳、惠州、博罗开发利用区	东江干流惠州饮用、农业用水区	博罗（剑潭）	25
10	东江干流博罗、潼湖缓冲区			25

续表

序号	水功能一级区	水功能二级区	梯级电站	评分
11	东江东深供水水源地保护区			25
12	东江干流石龙开发利用区	东江干流石龙饮用、农业用水区		25
13	东深供水渠保护区			100
14	定南水源头水保护区			100
15	定南水定南保留区			100
16	定南水赣粤缓冲区			100
17	定南水龙川保留区			100
18	新丰江源头水保护区		丰城、伟能、涧下、狮石滩、青龙潭、鲤鱼坝、新桥	25
19	新丰江源城开发利用区	新丰江源城饮用、农业用水区	新丰江	25
20	增江源头水保护区			25
21	增江增城保留区		天堂山、渠首、科富渡头、西林、樟潭、花竹、裕源、虎跳、仙女峰、西莲、白庙、正果	25
22	增江增城开发利用区	增江三江饮用、农业用水区	初溪	25
23	西枝江惠东保留区		大新、文水潭、白盆珠、上鉴陂	25
24	西枝江惠州开发利用区	西枝江惠阳饮用农业用水区	西枝江	25

3.2 防洪安全

3.2.1 数据来源

防洪安全主要通过河段的防洪达标率体现，防洪河段数据主要通过搜集评估河段有防洪要求的河堤的规划，包括查找流域区划等报告书、实地查勘、调研广东省东江流域管理局等渠道收集资料与数据。由资料整理可知，东江具有防洪功能的评估水功能区为东江干流博罗、惠阳保留区，东江干流惠阳、惠州、博罗开发利用区，东江干流博罗、潼湖缓冲区，东江东深供水水源地保护区和东江干流石龙开发利用区 5 个水功能区，规划有东莞大堤和惠州大堤 2 座大堤。

东莞大堤位于东莞市东北部的东江下游，自常平镇九江水大榄树横堤开始，途经桥头镇、企石镇、石排镇、茶山镇、附城、莞城至篁村区的周溪，是桥头围、五八围、福燕洲围、京西鳌围、东莞大围 5 条主要东江堤围的统称，全长 63.71km，担负着捍卫广深铁路常平至石龙段约 15km 及常平火车站、莞樟及莞龙主要公路干线、桥头东江站太园抽水站至旗岭站段 11km 的东深供水工程。东莞大堤保护耕地面积达 31.5 万亩，保护人口 131 万人，根据《珠江流域防洪规划》，规划东莞大堤近期、远期的防洪目标为 100 年一遇防洪标准。目前大堤防洪工程已能达到 100 年一遇的防洪标准。

惠州大堤总长度为 41.9km，集水总面积 319km²，保护耕地面积 13.6 万亩。惠州大堤走向依西枝江和东江左岸沿江而下，东起三栋镇紫溪，西止梅湖泗湄洲，全长 22.3km。根据《珠江流域防洪规划》，通过新丰江水库、枫树坝水库和白盆珠水库联合运用，可将下游 50～100 年一遇洪水削减为 20～30 年一遇，且规划惠州大堤近期、远期的防洪目标为 100 年一遇防洪标准。惠州大堤按抵御 30 年一遇的天然洪水标准建设，现有堤围大部分防洪标准为 20 年一遇。

3.2.2 评估结果

根据《方法（1.0 版）》中防洪指标的计算和赋分方法，采用搜集评估河段有防洪要求的河堤的规划，包括查找流域区划等报告书、实地查勘、调研广东省东江流域管理局等渠道收集资料与数据，可得出东江各评估分区河段的防洪达标率 FLD 分数。东莞大堤和惠州大堤 2 座大堤各自防洪达标率分数见表 3-3。

表 3-3　　　　　　　　　东江流域防洪达标率 FLD 分数表

序号	水功能一级区	堤防	规划堤防总长度/km	规划重现期	现状达标长度/km	百分比/%	FLD分值
1	东江干流博罗、惠阳保留区	东莞大堤	63.71	100	41.9	100	100
2	东江干流惠阳、惠州、博罗开发利用区						
3	东江干流博罗、潼湖缓冲区						
4	东江东深供水水源地保护区						
5	东江干流石龙开发利用区						
6	东江干流博罗、惠阳保留区	惠州大堤	41.9	20	63.71	100	100
7	东江干流惠阳、惠州、博罗开发利用区						
8	东江干流博罗、潼湖缓冲区						
9	东江东深供水水源地保护区						
10	东江干流石龙开发利用区						

3.3　河岸带状况

3.3.1　数据来源

河岸带数据主要包括河岸稳定性指数（BKS）、河岸带植被覆盖度（RVS）和河岸带人工干扰程度（RD）3 个指标，主要通过人工现场填写《东江流域重要河湖健康试点评估湖滨带调查表》获取数据。根据东江的分区的情况，对选取的评估河段内 24 个选点（分别代表 24 个评估分区）进行调查，调查范围横向为河岸线向陆域一侧 30m 以内，纵向为调查点上下游视野范围，填写了东江各评估功能区的河岸带调查表，最后通过汇总形成了河岸带状况 RS_r 数据。河流形态调查表见表 3-4。

表3-4

河流形态调查表

评估水体	××水库								
水功能区	××保护区								
调查时间				填表人					

二级指标	河岸特征	稳定(90)	基本稳定(75)	次不稳定(25)	不稳定(0)	调查点1（乌龟江） 经度(E)	纬度(N)	调查点2 ×××× 经度(E) 纬度(N)	调查点3 经度(E) 纬度(N)	调查点4 ×××× 经度(E) 纬度(N)
						110°27′30″	25°47′34″			
						左岸	右岸			
河岸稳定性指数（BKS）	河岸倾角/(°)	<15	<30	<45	<60	<15	<30			
	河岸植被覆盖度/%	>75	>50	>25	>0	>90	>80			
	河岸高度/m	<1	<3	<3	<5	<1	<2.5			
	河岸基质（类别）	基岩	岩石河岸	黏土河岸	非黏土河岸	非黏土	岩土			
	坡脚冲刷强度	无冲刷迹象	轻度冲刷	中度冲刷	重度冲刷	轻	轻			
河岸带植被覆盖度（RVS）	植被特征	植被稀疏	中度覆盖	重度覆盖	极重度覆盖	左岸	右岸			
	乔木（TC_r）	0~10%	10%~40%	40%~75%	>75%	8%	5%			
	灌木（SC_r）	0~10%	10%~40%	40%~75%	>75%	20%	20%			
	草本（HC_r）	0~10%	10%~40%	40%~75%	>75%	72%	75%			
河岸带人工干扰程度（RD）	人类活动类型		赋分			左岸	右岸			
	河岸硬性砌护		-5							
	采砂		-40							
	沿江建筑物（房屋）		-10							
	公路（或铁路）		-10							
	垃圾填埋场或垃圾堆放		-60							
	河滨公园		-5				√			
	管道		-5			√	√			
	农业耕种		-15							
	畜牧养殖		-10							

备注：

目前，无人机航拍河岸带技术已经基本成熟。2016 年，东江河岸带调查通过航拍获取了影像资料，室内提取了相关数据。东江流域河段调查照片见图 3-1。

图 3-1 东江流域河段调查照片

3.3.2 评估结果

根据《方法（1.0 版）》中河岸带状况计算和赋分方法，采用东江各评估分区河岸带调查汇总数据，可得出东江各评估分区河段的河岸带状况 RS_r 分数。东江流域 24 个评估分区河岸带状况平均得分为 56.5 分。其中，最高的是西枝江惠阳饮用、农业用水区 65.8 分，最低的是东江干流佗城保护区 40.5 分。其中东江上游寻乌水平均得分为 63.3 分，东江干流平均得分为 56.9 分，扣分的主要原因是河岸基质为黏土河岸且河岸受到较大程度的冲刷，植被覆盖度普遍不高，其中上游段寻乌水和下游段（惠州、东莞、河源段）河岸带状况相对较好，分数基本在 60 分以上。除上述原因外，上游寻乌水主要扣分原因是附近坡岸农业耕种，下游段（东莞、河源段）主要扣分原因是河岸硬性砌护和附近坡岸农业耕种。支流平均得分为 56.2 分，其中东深供水渠保护区得分为 61.1 分，河岸带状况相对较好；支流定南水平均得分为 55.5 分，扣分的原因主要是河岸硬性砌护、附近坡岸农业耕种、沿岸建筑物（房屋）；支流新丰江平均得分为 55.3 分，扣分的原因是坡岸农业耕种；支流增江平均得分为 56.7 分，主要扣分原因是河岸硬性砌护和附近坡岸农业耕种；支流西枝江平均得分为 55.4 分，扣分的主要原因是查勘现场附近区域均存在挖沙现象。根据评估结果，东江河岸带状况评分整体不高。

东江流域河岸带状况评估分数见表 3-5。

表 3-5 东江流域河岸带状况评估分数表

序号	水功能一级区	水功能二级区	位置名称	评分
1	寻乌水源头水保护区		寻乌澄江镇新屋村附近	62.0
2	寻乌水寻乌保留区		寻乌吉潭镇陈屋坝老桥处	63.9
3	寻乌水赣粤缓冲区		寻乌县留车镇 X401 县道大桥	63.9
4	东江干流龙川保留区		石水镇	58.5
5	东江干流佗城保护区		龙川县苏雷坝水电站对面	40.5

续表

序号	水功能一级区	水功能二级区	位置名称	评分
6	东江干流河源保留区		东源县黄田镇黄田中学渡口处	61.2
7	东江干流河源开发利用区	东江干流古竹饮用、农业用水区	河源临江镇对面临江子环境监测站处	62.0
8	东江干流博罗、惠阳保留区		泰美镇夏青村处	48.9
9	东江干流惠阳、惠州、博罗开发利用区	东江干流惠州饮用、农业用水区	东江公园	52.0
10	东江干流博罗、潼湖缓冲区		博罗县博罗大桥上游 500m 处	59.2
11	东江东深供水水源地保护区		桥头镇	53.7
12	东江干流石龙开发利用区	东江干流石龙饮用、农业用水区	东莞石洲大桥下游 500m 码头处或以下丁坝处	56.5
13	东深供水渠保护区		东莞雍景花园	61.1
14	定南水源头水保护区		安远县镇岗乡	54.0
15	定南水定南保留区		定南县鹤子镇坳上村附近	52.4
16	定南水赣粤缓冲区		定南县天九镇九曲村古桥	53.7
17	定南水龙川保留区		枫树坝水库库尾	61.8
18	新丰江源头水保护区		新丰县福水村马头大桥	49.9
19	新丰江源城开发利用区	新丰江源城饮用、农业用水区	源城镇东江入口	60.7
20	增江源头水保护区		蓝田瑶族乡附近社前村	54.1
21	增江增城保留区		增城市小楼镇沿岸	60.6
22	增江增城开发利用区	增江三江饮用、农业用水区	石滩镇	55.5
23	西枝江惠东保留区		惠东宝华寺	45.0
24	西枝江惠州开发利用区	西枝江惠阳饮用、农业用水区	惠州西枝江大桥附近	65.8

3.4 航拍调查

　　东江流域调查项目的工作内容为在流域范围内选取 24 处均匀分布并具有代表性的河岸作为调查对象,以人工实地观察研究的方式获取每个调查点的各项真实指标数据。但此类调查数据受调查人员主观判断的影响比较大,数据无法重复核定,在后期的分析研究中无法提供真实、客观和准确的数据支撑,即使利用现有的卫星影像资料,也因卫星影像的分辨率和实效性的限制,无法做出准确的结论。因此,结合高分辨率无人机航拍影像数据,可以提供更全面、更深层次的数据应用。

　　为了对东江流域上游和流域城市群进行对比分析,选取了增江作为航拍试点。增江是东江流域的支流之一,与东江干流相比,增江流域整体与东江流域类似,上游段以农业种植业为主,中下游段为城市群。由于航拍空间、时间以及航空管制等的限制,最终选定了偏离人口稠密区、军事设施和机场等敏感区域又有一定流域代表性的龙门县和增城区的郊区河段获取 10km 河岸段的数据进行对比分析。这两个区域均处于增江流域,其中龙门县为上游区域,增城区为下游区域。航拍工作流程图见图 3-2。

增城区郊区河段见图3-3，龙门县增江河段见图3-4。

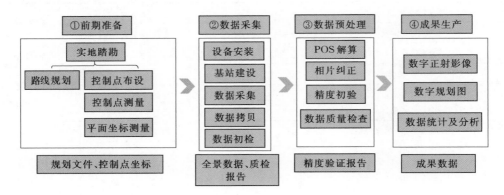

图3-2　航拍工作流程图

图3-3　增城区郊区河段

图3-4　龙门县增江河段

在选取地段进行航拍工作，增江上游龙门县流域航迹见图 3-5，增江下游增城区流域航迹见图 3-6。每处试点区域河段长度为 10km 左右，宽度向两岸各延伸 500m，无人机航拍获取高分辨率遥感影像数据。

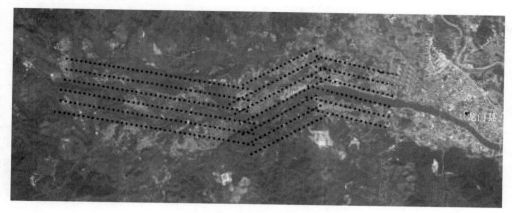

图 3-5　增江上游龙门县流域航迹图

图 3-6　增江下游增城区流域航迹图

3.5　航拍调查结果分析

根据后期处理出来的航拍数据可以与本次项目调查的结果做直观的数据对比分析，具体见表 3-6～表 3-12。

2016 年采用无人机低空航拍制作的最新的高分辨率真彩色正射影像图计算各类土地利用类型的面积和占比。2015 年利用历史遥感影像计算各类土地利用类型的面积和占比。根据历史遥感影像与现状影像通过叠加分析，对比各类土地利用类型的数据。

表 3-6 增城测区 2016 年现状面积统计表

土地利用类型	面积/km²	面积占比/%	土地利用类型	面积/km²	面积占比/%
草原	1.0211	6.35	落叶阔叶林	0.1243	0.77
常绿阔叶林	2.2340	13.90	稀树的草原	0.0000	0.00
常绿针叶林	0.0319	0.20	水域	4.5833	28.51
城市和建成区	2.2377	13.92	郁闭灌丛	0.0000	0.00
多树的草原	0.0000	0.00	作物	5.8439	36.35
混交林	0.0000	0.00	作物和自然植被的镶嵌体	0.0000	0.00
开放灌丛	0.0000	0.00	总计	16.0762	100.00

表 3-7 增城测区 2015 年历史面积统计表

土地利用类型	面积/km²	面积占比/%	土地利用类型	面积/km²	面积占比/%
草原	1.0587	6.59	落叶阔叶林	0.1224	0.76
常绿阔叶林	2.2782	14.17	稀树的草原	0.0000	0.00
常绿针叶林	0.0319	0.20	水域	4.5259	28.15
城市和建成区	2.2405	13.94	郁闭灌丛	0.0000	0.00
多树的草原	0.0000	0.00	作物	5.8186	36.19
混交林	0.0000	0.00	作物和自然植被的镶嵌体	0.0000	0.00
开放灌丛	0.0000	0.00	总计	16.0762	100.00

表 3-8 龙门测区 2016 年现状面积统计表

土地利用类型	面积/km²	面积占比/%	土地利用类型	面积/km²	面积占比/%
草原	0.3654	2.99	落叶阔叶林	0.0000	0.00
常绿阔叶林	3.8204	31.30	稀树的草原	0.1285	1.05
常绿针叶林	0.0144	0.12	水域	1.3883	11.37
城市和建成区	0.8578	7.02	郁闭灌丛	0.0688	0.56
多树的草原	0.0149	0.12	作物	5.5446	45.41
混交林	0.0000	0.00	作物和自然植被的镶嵌体	0.0000	0.00
开放灌丛	0.0079	0.06	总计	12.2110	100.00

表 3-9 龙门测区 2015 年历史面积统计表

土地利用类型	面积/km²	面积占比/%	土地利用类型	面积/km²	面积占比/%
草原	0.3047	2.50	落叶阔叶林	0.0000	0.00
常绿阔叶林	3.8093	31.20	稀树的草原	0.2474	2.03
常绿针叶林	0.0144	0.12	水域	1.4226	11.65
城市和建成区	0.7770	6.36	郁闭灌丛	0.0852	0.70
多树的草原	0.0148	0.12	作物	5.5277	45.26
混交林	0.0000	0.00	作物和自然植被的镶嵌体	0.0000	0.00
开放灌丛	0.0079	0.06	总计	12.2110	100.00

表 3-10 增城测区 2016 年现状面积与 2015 年面积变化对比表

生态系统类型	2015 年面积/km²	2015 年面积占比/%	2016 年现状面积/km²	2016 年面积占比/%	2015—2016 年面积变化比例/%
农田	5.8186	36.19	5.8439	36.35	0.16
森林	2.4325	15.13	2.3902	14.87	−0.26
灌木	0.0000	0.00	0.0000	0.00	0.00
草地	1.0587	6.59	1.0211	6.35	−0.23
湿地	0.0000	0.00	0.0000	0.00	0.00
建设用地	2.2405	13.94	2.2377	13.92	−0.02
未利用地	0.0000	0.00	0.0000	0.00	0.00
水域	4.5259	28.15	4.5833	28.51	0.35
总计	16.0762	100.00	16.0762	100.00	0.00

表 3-11 龙门测区 2016 年现状面积与 2015 年面积变化对比表

生态系统类型	2015 年面积/km²	2015 年面积占比/%	2016 年现状面积/km²	2016 年面积占比/%	2015—2016 年面积变化比例/%
农田	5.5277	45.28	5.5446	45.41	0.14
森林	3.8237	31.31	3.8348	31.40	0.09
灌木	0.0931	0.76	0.0767	0.63	−0.13
草地	0.5669	4.64	0.5088	4.17	−0.48
湿地	0.0000	0.00	0.0000	0.00	0.00
建设用地	0.7770	6.36	0.8578	7.02	0.66
未利用地	0.0000	0.00	0.0000	0.00	0.00
水域	1.4226	11.65	1.3883	11.37	−0.28
总计	12.2110	100.00	12.2110	100.00	0.00

表 3-12 增城、龙门测区 2016 年现状面积对比表

生态系统类型	增城 2016 年现状面积/km²	增城 2016 年面积占比/%	龙门 2016 年现状面积/km²	龙门 2016 年面积占比/%	面积变化比例/%
农田	5.8439	36.35	5.5446	45.41	9.06
森林	2.3902	14.87	3.8348	31.40	16.54
灌木	0.0000	0.00	0.0767	0.63	0.63
草地	1.0211	6.35	0.5088	4.17	−2.18
湿地	0.0000	0.00	0.0000	0.00	0.00
建设用地	2.2377	13.92	0.8578	7.02	−6.89
未利用地	0.0000	0.00	0.0000	0.00	0.00
水域	4.5833	28.51	1.3883	11.37	−17.16
总计	16.0762	100.00	12.2110	100.00	0.00

  增城测区（增江中下游段）叠加分析面积是 16.0762km²。根据表 3-6、表 3-7 及表 3-10、表 3-12，2016 年与 2015 年均是农田占比最大，占总面积的 36% 左右。其中发生变化的生产系统类型包括农田（增加 0.16%）、森林（减少 0.26%）、草地（减少 0.23%）、建设用地（减少 0.02%）、水域（增加 0.36%），数据变化不大，均在 0.4% 以

内。与 2015 年相比，2016 年变化幅度最大的是水域，增加了 0.36％。表明 2013 年增城市开展的增江水生态整治修复工程取得了一定的效果，下游段水域及水环境得到了一定的修复。增城区河岸段高分影像线划图见图 3-7，增城区线划总图见图 3-8。

图 3-7　增城区河岸段高分影像线划图

图 3-8　增城区线划总图

龙门测区（增江上游段）叠加分析面积是 12.2110km²。根据表 3-8、表 3-9 及表 3-11、表 3-12，2016 年与 2015 年均是农田占比最大，占总面积的 45％左右。其中发生变化的生产系统类型包括农田（增加 0.14％）、森林（增加 0.09％）、灌木（减少 0.13％）、草地（减少 0.48％）、建设用地（增加 0.66％）、水域（减少 0.28％），数据变化不大，均在 0.7％以内。但与 2015 年相比，2016 年变化幅度农田和建设用地均有大幅增加，而水域、草地、灌木等的用地减少。表明 2015—2016 年，增江上游段进行了一定的开发，对当地生态环境造成了侵害和破坏。

3.6　河岸带调查结果与航拍调查结果对比分析

东江流域航拍调查选取了龙门县和广州市增城区的郊区河段获取 10km 河岸段的数据进行分析，根据水功能区区划，龙门县航拍区域属于增江源头保护区，广州市增城区郊区河段属于增江增城开发利用区。

根据河岸带调查结果，增江源头保护区植被以乔木和草本为主，其中草本占 60％以上，植被覆盖度为 50％以上，左岸达 80％以上；岸坡高度 1～1.5m，斜坡 30°～45°，以黏土河岸为主，有轻度冲刷现象。调查发现，水域沿岸有农田耕种活动和采砂现象。经综合考虑增江源头保护区河岸带调查为 45 分。

根据航拍图像分析，增江源头保护区航拍段靠近源头段森林覆盖度较高，以乔木和草本为主。沿岸有房屋零星分布，靠近龙门县城处有大量人工建筑物和农田。

增江源头保护区航拍图像结果分析与河岸带现场调查结果基本一致。

根据河岸带调查结果，增江增城开发利用区植被以乔木和草本为主，其中乔木占 80％以上，植被覆盖度为 50％以上；岸坡高度 2～3m，斜坡 15°～30°，以黏土河岸为主，有轻度冲刷现象。调查发现，水域沿岸有房屋等建筑，河岸由于防洪工程的影响岸坡存在硬性砌护，河岸旁有公路经过。经综合考虑增江源头保护区河岸带调查为 75 分。

根据航拍图像分析，增江增城开发利用区航拍段森林覆盖度较高，以乔木和草本为主。沿岸有房屋零星分布。

增江增城开发利用区航拍图像结果分析与河岸带现场调查结果基本一致。

3.7　整体环境调查

东江流域大部分处于广东省境内，覆盖了经济类型多样、地区特色鲜明的城市，其中包括：肩负水源涵养任务、经济相对欠发达的粤北山区城市韶关与河源，以工业经济发达著称的东莞与惠州，华南最大经济文化中心广州等。这些城市与地区在社会经济发展中各有侧重，也因此决定了它们在水资源开发利用、水污染排放、水资源环境管理方面的明显差异性。

在 2016 年 3 月和 2016 年 7 月进行水生态采样时，同步对东江流域河岸带环境和浅水水域生态环境进行了调查。根据现场调查，部分水功能区尤其是中游段环境较为同质化，对具有一定代表性的干流段 13 个点位进行了调查和评价。

总体而言，东江流域水质较好，大部分地区岸坡植被覆盖率较高，但部分区域生态环境受到破坏和侵占。东江流域上游的江西省相对比较落后，流域附近地区收入以农业、种植为主，植被覆盖率较高。但流域源头区域岸坡存在垃圾堆放，农田污水随意排放等现象，严重威胁了源头水质和用水安全。中游地区位于广东省境内，相比珠三角地区经济较为落后，流域水质较好，但枫树坝至龙川县城沿岸植被覆盖率较低，多处有挖沙现象，对水生态环境有所破坏。下游地区是东江流域经济较为发达的区域，近 10 年在流域环境保护方面投入了大批的人力物力，水质和水生态环境有所改善。但由于早年经济发展与环境保护之间不匹配，部分区域水质和水生态环境仍有待修复。

现场调查发现，在枯水期，流域水温为 15.7～21.1℃，均值达到 18.38℃；采样水深为 0.5～3.0m，均值为 1.69m；透明度为 0.10～0.50m，平均为 0.20cm；河流流速除部分站位为近静止水体或缓流水体外，其余断面流速为 0.084～2.477m/s，平均流速为 1.14m/s；pH 值为 6.29～7.01，均值为 6.69，为中性水体。此外，现场调查河床底质，东江流域干支流的中上游多以卵石、块石和粗砂为主，其中下游多以细砂、淤泥质为主，详见表 3-13。

表 3 - 13　　东江流域枯水期主要环境要素调查一览表

序号	样点编号	断面位置	涉及水功能区	纬度 N	经度 E	水温/℃	水深/m	透明度/cm	流速/(m/s)	底质类型及特征
1	D1	寻乌澄江镇新星村附近	寻乌水源头水保护区	25°4′48″	115°40′33″	15.7	1	0.25	1.228	块石、卵石为主
2	D2	寻乌吉潭镇陈屋老桥处	寻乌水寻乌保留区	24°56′37″	115°43′55″	17.7	0.65	0.5	2.477	卵石、粗砂为主，黑藻等沉水植被
3	D3	定南县鹤子镇坳上村附近	定南水定南保留区	24°57′32″	115°38′59″	16.2	0.8	0.25	1.631	卵石为主，以及粗砂、细砂
4	D4	定南县天九镇九曲村古桥	定南水赣粤缓冲区	24°74′29″	115°16′76″	16.7	0.5	0.2	2.166	块石、卵石为主
5	D5	寻乌县斗晏水电站坝下约2km处	寻乌水赣粤缓冲区	24°38′43″	115°33′24″	18.4	2	0.15	1.996	块石、粗砂为主
6	D6	龙川县苏雷明水电站下游	东江干流枫城保护区	24°7′37″	115°15′4″	18.9	3	0.2	0.885	粗砂、泥质为主
7	D7	东源县黄田镇黄田中学渡口处	东江干流河源保留区	23°52′49″	114°58′33″	17.2	2	0.15	0.808	淤泥质为主、粗砂、细砂少
8	D8	河源临江镇对面临江子环境监测站处	东江干流河源河源开发利用区	23°39′1″	114°40′19″	17.5	2	0.1	0.084	淤泥质为主、粗砂、细砂少、零星块石
9	D9	博罗县泰美镇夏青村处	东江干流博罗、惠阳保留区	23°19′23″	114°29′51″	19.5	2	0.15	1.523	粗砂、细砂、泥质为主、零星块石
10	D10	惠州市东江公园内	东江干流惠阳、惠州、博罗开发利用区	23°6′7″	114°24′32″	20.7	2	0.15	0.31	卵石、粗砂、泥质为主、零星块石
11	D11	博罗县博罗大桥上游500m处	东江干流博罗、潼湖缓冲区	23°9′25″	114°16′14″	21.1	2	0.15	1.363	粗砂、泥质为主、块石
12	D12	东莞桥头镇自来水厂、水质监测站附近	东江东深供水水源地保护区	23°2′47″	114°7′36″	19.8	2	0.15	0.132	粗砂、泥质为主、块石
13	D13	东莞石洲大桥下游约3km处	东江干流石龙开发利用区	23°6′47″	114°56′17″	19.6	2	0.15	0.256	粗砂、泥质为主、零星卵石、块石

表 3 - 14　东江流域丰水期主要环境要素调查一览表

序号	样点编号	断面位置	纬度 N	经度 E	水温/℃	水深/m	透明度/cm	流速/(m/s)	底质类型及特征
1	D1	寻乌澄江镇新屋村附近	25°4′48″	115°40′33″	19.5	60	40	0.50	块石、卵石为主
2	D2	寻乌吉潭镇陈屋坝老桥处	24°56′3″	115°43′55″	27.6	50	35	0.66	卵石、粗砂为主、黑藻等沉水植被
3	D3	定南县鹤子镇坳上村附近	24°57′32″	115°38′59″	30.5	50	见底	0.94	卵石为主、以及粗砂、细砂
4	D4	定南县天九镇九曲村古桥	24°4′29″	115°16′76″	30.2	50	见底	0.53	块石、卵石为主
5	D5	寻乌县斗晏水电站坝下约约2km处	24°38′43″	115°33′24″	28.3	45	30	0.44	块石、粗砂为主
6	D6	龙川县苏雷坝水电站下游	24°7′37″	115°15′4″	34.5	50	30	近静止水体	粗砂、泥质为主
7	D7	东源县黄田镇黄田中学渡口处	23°52′49″	114°58′33″	31.5	50	35	0.13	淤泥质为主、粗砂、细砂少
8	D8	河源临江镇对面临江子环境监测站处	23°39′1″	114°40′19″	27.8	45	30	近静止水体	粗砂、细砂、泥质为主、细砂少
9	D9	博罗县泰美镇夏青村处	23°19′23″	114°29′51″	30.2	60	40	0.35	卵石、粗砂、泥质为主、零星块石
10	D10	惠州市东江公园内	23°6′7″	114°24′32″	32.3	45	30	缓流水体	卵石、粗砂、泥质为主、零星块石
11	D11	博罗县博罗大桥上游500m处	23°9′25″	114°16′14″	32.6	50	40	0.05	粗砂、泥质为主、零星卵石、块石
12	D12	东莞桥头镇自来水厂、水质监测站附近	23°2′47″	114°7′36″	32.5	80	25	缓流水体	粗砂、泥质为主、零星卵石、块石
13	D13	东莞雍景花园旧桥处	22°53′5.58″	114°5′12.23″	32.6	60	30	0.02	厚厚的黑臭淤泥质、表层夹杂固体垃圾等物体
14	D14	东莞石洲大桥下游约约3km处	23°6′47″	114°56′17″	30	80	30	涨潮	粗砂、泥质为主、零星卵石、块石

在丰水期，流域水温为19.5～34.5℃，均值达到30.4℃；采样水深为45～80cm，均值为57.4cm；透明度除几个监测站位由于水浅或水质较好而清澈见底外，为25～40cm，平均为34.0cm；河流流速除部分站位为近静止水体或缓流水体外，其余断面流速为0.02～0.94m/s，平均流速为0.379m/s。此外，现场调查河床底质，东江流域干支流的中上游多以卵石、块石和粗砂为主，其中下游多以细砂、淤泥质为主，石马河断面以腐殖质及黑臭底泥为主，沿河上下约3km，未见卵石或其他石块，详见表3-14。

从干支流水系来看，支流以及干流中上游断面的环境质量总体优于干流中下游断面。干、支流的河道水流状态、河道蜿蜒程度、河岸稳定性、河岸植被保护、河岸带宽度等参数差异较小；河床表层生境、河床泥沙镶嵌性、流速深度环境、河床稳定状态和河流形态塑造等参数差异较大，也即干流河道形态结构等方面受到人类活动干扰较为突出。

从自然河段与城乡河段对比来看，调查流域中的近自然段河流生境参数全面优于城乡段。其中，除河道水流状态、河道蜿蜒程度、河岸稳定性及河岸带宽度等生境参数特征差异较小外，近自然段的河床表层生境、河床泥沙镶嵌性、流速深度环境、河床稳定状态、河流形态塑造、河岸植被保护等指标差异尤为明显。东江流域总体环境要素调查一览表见表见表3-15，东江流域环境质量分异特征见表3-16。

表3-15　　　　　　　　　　东江流域总体环境要素调查一览表

序号	断面位置	所在水系/区域	存在问题	现场照片
1	寻乌澄江镇新屋村附近	寻乌水	附近岸坡有垃圾堆放	
2	寻乌吉潭镇陈屋坝老桥处	寻乌水	附近岸坡有垃圾堆放，附近农田较多	
3	定南县鹤子镇坳上村附近	贝岭水、九曲河	—	
4	定南县天九镇九曲村古桥	贝岭水、九曲河	—	
5	寻乌县斗晏水电站坝下约2km处	寻乌水、留车河	—	

续表

序号	断面位置	所在水系/区域	存在问题	现场照片
6	龙川县苏雷坝水电站下游	东江	附近存在挖沙现象	
7	东源县黄田镇黄田中学渡口处	东江	—	
8	河源临江镇对面临江子环境监测站处	东江	—	
9	博罗县泰美镇夏青村处	东江	—	
10	惠州市东江公园内	东江、西枝江汇流处	西枝江汇入处水质较差，附近有垂钓	
11	博罗县博罗大桥上游500m处	东江	附近有垂钓	
12	东莞桥头镇自来水厂、水质监测站附近	东江	—	
13	东莞石洲大桥下游约3km处	东江	—	
14	新丰江中游福永村（涉及水产种植资源保护区）	新丰江	在新丰江国家级水产种质资源保护区范围内存在挖沙	

表 3-16   东江流域环境质量分异特征

序号	编号	调查断面位置	生 境 条 件	生境质量评价
1	D1	寻乌澄江镇新屋村附近	3月30日下午及晚上降雨，形成一定规模的雨洪，水位上升，水略浑浊；河床以基岩、卵石、块石为主，近岸处为淤泥、细沙、上覆有湿地植被；河心洲滩以灌木、芦苇、泽泻等植被覆盖，石表面着生藻类，呈鲜绿色，有细淤泥；河心洲滩形成小缺口，周边农田开发较多，为果木（橙）为主，兼有养殖业；多见固体垃圾、白色垃圾和腐烂果子堆弃在河边	优良
2	D2	寻乌吉潭镇陈屋坝老桥处	吉潭镇陈尾坝大桥，河较宽阔，河床平缓，以卵石、块石为主，规格以10~30cm为主，岸带竹林带、灌木带、植被覆盖度高，清澈水质，较好，急流、较少漩涡，多贝类、螺类、水蚕等底栖生物	优良
3	D3	定南县鹤子镇坳上村附近	流经安远县鹤子镇坳上村，水体较清澈，浅水处河床卵石清晰可辨，河面较宽阔，河中心区水流较急；近岸处的卵石、块石表面着生藻类，而其底面则有蜉蝣、水蛭、寡毛类等物种；滨岸带植被以乔灌草为主体，如竹林带群落等；初步认为，水质及生态条件较好	优
4	D4	定南县天九镇九曲村古桥	河床以卵石、块石及基岩为主；表面覆有淤泥，并着生藻类，近岸陡峭。上游500m处有水坝；河心洲滩（岩石基床）形成小缺水；水体略浑浊，周边生态度假村，餐馆较多，在建道路及跨河大桥	优良
5	D5	寻乌县斗晏水电站坝下约2km处	粤赣缓冲区，水电站内，坝下500m，有拐弯沙滩，急流、水浑黄，透明度极低；岸带形成铺地黍、芦苇、荻等群落。由于急流，底栖物种少	良
6	D6	龙川县苏雷坝水电站下游	龙川县144航标处，苏雷坝处及龙川县城，沿岸大规模开发（左岸填埋江岸，右岸房地产开发），水生生境遭遇极大的破坏，水体浑浊、发黄，近岸泥沙淤积新生成淤泥覆盖河床；河流水生生境遭受较大影响和人为干扰	中差
7	D7	东源县黄田镇黄田中学渡口处	黄田镇渡口，左岸着生硅藻，下方人工基地，河心洲边有垃圾，岸带为竹林带与湿地植被；右岸采底栖，竹林带（竹叶、腐草、淤泥等泥沙），水体浑浊、发黄、透明度较低	良
8	D8	河源临江镇对面临江子环境监测站处	河面宽阔，水流略急，其上漂浮着水葫芦、大藻等漂浮型水生植物；岸带陡峭，近岸有滨江公园，岸带侵蚀严重，偶见倒木；滨岸处有黑藻、狐尾藻等沉水植物，但数量较少。近临江监测站有生活废污水通过小渠汇入，有黑臭味道	良中
9	D9	博罗县泰美镇夏青村处	江面宽阔，有河心洲滩；流速较急，有急流、缓流等多流态，流态多样性较高；近岸处有较短的干砌石丁坝，着生藻类及湿地植被占据一定优势；滨岸带有竹林带群落。存在一定的采砂、挖沙等现象（可能为非法无序偷采）；零星分布着水葫芦、大藻等外来入侵物种	良
10	D10	惠州市东江公园内	西枝江入东江下游100处；江面宽阔，流速较急，但总体平缓；江面漂浮较多水葫芦、大藻等外来入侵物种；江面有黑色漂浮/悬浮垃圾；大型底栖动物以蚬蛤较多，水质有向差的趋势	良
11	D11	博罗县博罗大桥上游500m处	博罗大桥处，江面宽阔，河中心区水流较急，建设有人工干砌石丁坝；江左岸大桥上游有较大面积的河漫滩湿地，以芦苇、芦荻、黍等禾本科为主的湿地植物群落；江面、近岸处漂浮和堆积较多水葫芦、大藻等外来入侵物种；近岸处观测到仔鱼，并采集到仔鱼样品	良

序号	编号	调查断面位置	生 境 条 件	生境质量评价
12	D12	东莞桥头镇自来水厂、水质监测站附近	东莞水质监测站附近，江面宽阔，河中心带流速较缓，但水葫芦、大藻等也较多地分布江面、近岸处，水体有一定黑色漂浮/悬浮垃圾，疑为水葫芦根部碎屑；水质略有臭味	中
13	D13	东莞石洲大桥下游约3km处	江面宽阔，河中心带流速较缓，但水葫芦、大藻等也较多地分布在江面、近岸处；岸带为人工修正后的滨江公园，仿自然置石；水体有一定黑色漂浮/悬浮垃圾，疑为水葫芦根部碎屑；水质略有臭味。航道和港口作用凸显	中

注 生境质量定性描述按4个等级划分：优、良、中、差。

　　根据调查结果显示，13个调查断面的环境质量处于"优—中差"级别。依据分级，处于"优、优良"级别的4个，占总调查断面数的30.77%；"良"级别的5个，占总断面数的38.46%；"良中、中"级别的3个，占总断面数的23.08%；"中差"级别的1个，占总断面数的7.69%。总体来看，枯水期东江流域的水生生境质量总体属于"优良—良"级别，见表3-16。

水文水资源调查与分析

4.1 水文调查评估

4.1.1 数据来源

4.1.1.1 实测流量数据

东江流域的实测流量数据来源于 2015 年 1—12 月东江干流龙川水文站、河源水文站、岭下水文站、博罗水文站、西枝江干流平山（二）水文站、新丰江干流岳城水文站的流量数据。

东江干流有长系列水文资料的水文站为龙川水文站、河源水文站、岭下水文站、博罗水文站。其中，东江干流龙川保留区、东江干流佗城保护区两个评估分区采用龙川水文站的流量数据。东江干流河源保留区采用河源水文站的流量数据。东江干流河源开发利用区采用岭下水文站的流量数据。东江干流博罗、惠阳保留区，东江干流惠阳、惠州、博罗开发利用区，东江干流博罗、潼湖缓冲区，东江干流石龙开发利用区 4 个评估分区采用博罗水文站的流量数据。

新丰江干流有长系列水文资料的水文站为岳城水文站。新丰江源头水保护区采用岳城水文站的流量数据。

新丰江干流有长系列水文资料的水文站为平山（二）水文站。西枝江惠州开发利用区、西枝江惠东保留区两个评估分区采用平山（二）水文站的流量数据。其余没有代表水文站的评估分区将采用水文比拟法计算出流量值。

4.1.1.2 水库出入库流量数据

东江流域水库调度数据采用 2015 年 1—12 月定南水干流枫树坝水库、新丰江干流新丰江水库、西枝江干流白盆珠水库、增江干流天堂山水库等主要骨干水库的逐月入库、出库流量数据。

4.1.1.3 用水量、退水量、耗水量数据

采用广东省和江西省 2015 年的用水量、退水量、耗水量等资料。其中，各个评估分区的生产、生活用水量采用年均总用水量平均分摊到 12 个月。各个评估分区的农业用水量则根据农业生产的季节变化而变化。为反映评估河段流域水资源开发利用对评估河段水

文情势的影响程度，在东江河流现状开发状态下，采用流量过程变异程度评估河段评估 2015 年年内实测月径流过程与天然月径流过程的差异。

4.1.1.4　还原流量数据

将 24 个评估分区的代表断面的水库调节流量数据以及耗水量数据与 2015 年 1—12 月实测月均径流量值进行叠加，得出 24 个评估分区的 2015 年 1—12 月还原天然月均径流量值。计算公式见式（4-1）：

$$\left.\begin{array}{l} Q_{还原流量} = Q_{实测流量} - Q_{水库调节} + Q_{耗水量} \\ Q_{水库调节} = Q_{出库流量} - Q_{入库流量} \\ Q_{耗水量} = Q_{用水量} - Q_{退水量} \end{array}\right\} \tag{4-1}$$

式中　$Q_{还原流量}$——评估分区还原天然月径流量，m^3；

$Q_{实测流量}$——评估分区实测月径流量，m^3；

$Q_{水库调节}$——评估分区水库调节流量，m^3；

$Q_{出库流量}$——评估分区上游水库月均出库流量，m^3；

$Q_{入库流量}$——评估分区上游水库月均入库流量，m^3；

$Q_{耗水量}$——评估分区月均耗水量，m^3；

$Q_{用水量}$——评估分区月均用水量，m^3；

$Q_{退水量}$——评估分区月均退水量，m^3。

4.1.2　评估结果

4.1.2.1　流量过程变异程度评估

根据流量过程变异程度评估计算和赋分方法，采用东江流域各评估分区 2015 年逐月实测流量、月均还原天然流量数据，可得出东江流域各评估分区河段的流量过程变异程度指标分数 FD_r，分别见附表 1、附表 2、表 4-1、图 4-1~图 4-8。东江流域 24 个评估分区流量过程变异程度指标平均得分为 47 分。其中，得分最高的是寻乌水源头水保护区，75 分；得分最低的是西枝江惠东保留区，17 分。干流平均得分是 33 分，得分较低的原因是评估分区位于枫树坝水库、新丰江水库、白盆珠水库下游，受水库调节影响较大。

表 4-1　　　　2015 年东江流域各评估分区流量过程变异程度评估结果表

序号	评 估 分 区	FD_r	序号	评 估 分 区	FD_r
1	寻乌水源头水保护区	75	10	东江干流河源保留区	35
2	寻乌水寻乌保留区	71	11	新丰江源城开发利用区	18
3	寻乌水赣粤缓冲区	67	12	东江干流河源开发利用区	23
4	定南水源头水保护区	75	13	新丰江源头水保护区	67
5	定南水定南保留区	71	14	东江干流博罗、惠阳保留区	25
6	定南水赣粤缓冲区	66	15	东江干流惠阳、惠州、博罗开发利用区	30
7	定南水龙川保留区	66	16	东江干流博罗、潼湖缓冲区	30
8	东江干流龙川保留区	66	17	东江东深供水水源地保护区	30
9	东江干流佗城保护区	26	18	东江干流石龙开发利用区	32

续表

序号	评 估 分 区	FD_r	序号	评 估 分 区	FD_r
19	增江增城开发利用区	43	22	东深供水渠保护区	67
20	增江增城保留区	42	23	西枝江惠州开发利用区	18
21	增江源头水保护区	64	24	西枝江惠东保留区	17

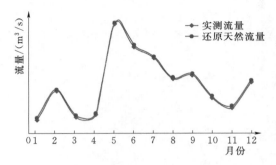

图4-1 定南水源头水保护区2015年
逐月实测流量、还原天然流量对比

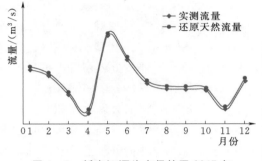

图4-2 新丰江源头水保护区2015年
逐月实测流量、还原天然流量对比

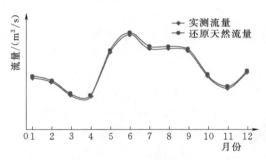

图4-3 寻乌水源头水保护区2015年
逐月实测流量、还原天然流量对比

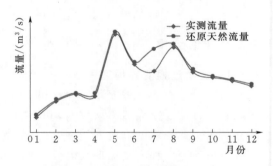

图4-4 增江增城开发利用区2015年
逐月实测流量、还原天然流量对比

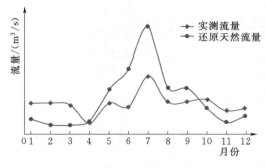

图4-5 西枝江惠州开发利用区2015年
逐月实测流量、还原天然流量对比

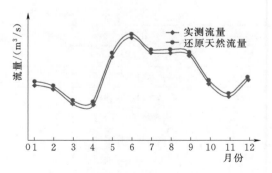

图4-6 东江干流龙川保留区（东江干流上游）
2015年逐月实测流量、还原天然流量对比

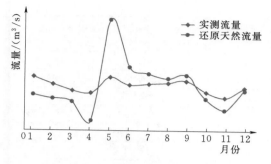

图 4-7　东江干流河源开发利用区（东江干流中游）2015 年逐月实测流量、还原天然流量对比

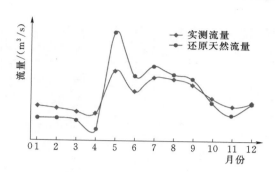

图 4-8　东江干流博罗、潼湖缓冲区（东江干流下游）2015 年逐月实测流量、还原天然流量对比

　　寻乌水的评估分区平均得分为 71 分，得分较高，主要原因为寻乌水为上游，不受下游的水库调节影响，而且区域耗水量较小。

　　定南水的评估分区平均得分为 70 分，得分较高，原因与寻乌水一致。

　　新丰江的评估分区平均得分为 42 分，其中上游新丰江源头水保护区得分较高，为 67 分；另外，新丰江源城开发利用区位于新丰江水库下游，受水库调节影响较大，得分为 18 分。

　　西枝江的评估分区平均得分为 17 分，得分较低，主要原因为 2 个评估分区均在白盆珠水库下游，受白盆珠水库调节影响较大。

　　增江的评估分区平均得分为 50 分，其中增江源头水保护区位于天堂山水库上游，得分较高，其余 2 个评估分区位于天堂山水库下游，受天堂山水库调节影响较大。

4.1.2.2　生态流量满足程度评估

　　根据《方法（1.0 版）》中流量过程变异程度评估计算和赋分方法，采用东江流域各评估分区 2015 年逐月实测流量、月均还原天然流量数据，可得出东江各评估分区河段的生态流量满足程度指标分数 EF_r。见表 4-2。东江流域 24 个评估分区生态流量满足程度指标平均得分为 95 分。其中，大多数的评估分区得 100 分，得分最低的是增江增城开发利用区，72 分。干流平均得分是 100 分，生态流量满足程度较好。

表 4-2　　　　　　2015 年东江流域评估分区生态流量满足程度评估结果表

序号	评　估　分　区	最小流量 /(m³/s)	多年平均流量 /(m³/s)	EF_r
1	寻乌水源头水保护区	1.50	2.95	100
2	寻乌水寻乌保留区	3.67	7.22	100
3	寻乌水赣粤缓冲区	9.87	19.44	100
4	定南水源头水保护区	3.36	12.48	91
5	定南水定南保留区	19.73	73.25	91
6	定南水赣粤缓冲区	29.06	107.89	91
7	定南水龙川保留区	32.40	120.28	91
8	东江干流龙川保留区	24.34	47.90	100
9	东江干流佗城保护区	57.16	112.52	100
10	东江干流河源保留区	85.80	168.90	100

序号	评 估 分 区	最小流量 /(m³/s)	多年平均流量 /(m³/s)	EF_r
11	新丰江源城开发利用区	138.00	219.25	100
12	东江干流河源开发利用区	254.13	360.20	100
13	新丰江源头水保护区	15.10	33.14	100
14	东江干流博罗、惠阳保留区	302.67	428.99	100
15	东江干流惠阳、惠州、博罗开发利用区	301.85	535.77	100
16	东江干流博罗、潼湖缓冲区	307.00	544.92	100
17	东江东深供水水源地保护区	311.55	552.99	100
18	东江干流石龙开发利用区	324.88	576.65	100
19	增江增城开发利用区	33.13	149.97	72
20	增江增城保留区	30.68	138.86	72
21	增江源头水保护区	2.00	14.31	77
22	东深供水渠保护区	16.08	32.47	100
23	西枝江惠州开发利用区	10.67	33.66	100
24	西枝江惠东保留区	9.70	30.60	100

支流方面，寻乌水、新丰江、西枝江的生态流量满足程度较好，各评估分区的得分均为 100 分。定南水的评估分区的 EF_r 值较低，平均分值为 91 分，主要原因为定南水流域的逐月流量分配不均，最小流量较小；增江的评估分区的 EF_r 值较低，分值主要为 72~77 分，主要原因为增江流域的天堂山水库在枯季下泄流量较小。

4.1.2.3　健康流量满足程度评估

根据健康流量指标的定义，在有长系列资料的干流计算出东江干流 9 个评估分区 2015 年 1—12 月的健康流量指标（IFD），具体见表 4-3。

表 4-3　　　　　　　　　　2015 年东江干流健康流量指标

评 估 分 区	HFV	HFM	LFV	LFM	PHF	PLF	PVL	SFS	IFD	IFD_r
东江干流龙川保留区	1	1	1	0.84	0.64	0.66	1	1	0.64	64
东江干流佗城保护区	1	1	1	0.84	0.62	0.64	1	1	0.62	62
东江干流河源保留区	1	1	1	1	0.34	0.35	1	1	0.34	34
东江干流河源开发利用区	1	1	1	1	0.22	0.23	1	1	0.22	22
东江干流博罗、惠阳保留区	1	1	1	1	0.24	0.25	1	1	0.24	24
东江干流惠阳、惠州、博罗开发利用区	1	1	1	1	0.29	0.30	1	1	0.29	29
东江干流博罗、潼湖缓冲区	1	1	1	1	0.29	0.30	1	1	0.29	29
东江东深供水水源地保护区	1	1	1	1	0.30	0.30	1	1	0.30	30
东江干流石龙开发利用区	1	1	1	1	0.31	0.32	1	1	0.31	31

东江流域 9 个评估分区流量过程变异程度指标平均得分为 36 分。其中：得分最高的是东江干流龙川保留区，64 分；得分最低的是东江干流河源开发利用区，22 分。东江上游平均得分是 63 分，得分较高。东江中游平均得分是 27 分，得分较低的原因是评估分区位于新丰江水库下游，受水库调节影响较大。东江下游平均得分是 30 分，得分较低的原

因是评估分区位于新丰江水库、白盆珠水库下游，受水库调节影响较大。

4.1.2.4 水文情势评估结果

根据《方法（1.0 版）》中水文情势评估计算和赋分方法，采用东江流域各评估分区 2015 年流量过程变异程度评估数据、生态流量满足程度评估数据，可以得出东江各评估分区河段的水文情势评估指标分数 HR_r，见表 4-4。东江流域 24 个评估分区水文情势评估指标平均得分为 66 分。其中，得分最高的是寻乌水源头水保护区，85 分；得分最低的是西枝江惠东保留区，50 分。干流平均得分是 60 分，得分较低的原因是评估分区位于枫树坝水库、新丰江水库、白盆珠水库下游，受水库调节影响较大。

寻乌水的评估分区平均得分为 83 分，得分较高，主要原因为寻乌水为上游，不受下游的水库调节影响，而且区域耗水量较小。定南水的评估分区平均得分为 78 分，得分较高，原因与寻乌水一致。新丰江的评估分区平均得分为 65 分，其中上游新丰江源头水保护区得分较高，80 分；另外，新丰江源城开发利用区位于新丰江水库下游，受水库调节影响较大，得分为 51 分。

表 4-4 　　　　　　　2015 年东江流域评估分区水文情势评估结果

序号	评 估 分 区	FD_r	FD_w	EF_r	EF_w	HR_r
1	寻乌水源头水保护区	75		100		85
2	寻乌水寻乌保留区	71		100		83
3	寻乌水赣粤缓冲区	67		100		80
4	定南水源头水保护区	75		91		81
5	定南水定南保留区	71		91		79
6	定南水赣粤缓冲区	66		91		76
7	定南水龙川保留区	66		91		76
8	东江干流龙川保留区	66		100		79
9	东江干流佗城保护区	26		100		56
10	东江干流河源保留区	35		100		61
11	新丰江源城开发利用区	18		100		51
12	东江干流河源开发利用区	23		100		54
13	新丰江源头水保护区	67	0.6	100	0.4	80
14	东江干流博罗、惠阳保留区	25		100		55
15	东江干流惠阳、惠州、博罗开发利用区	30		100		58
16	东江干流博罗、潼湖缓冲区	30		100		58
17	东江东深供水水源地保护区	30		100		58
18	东江干流石龙开发利用区	32		100		59
19	增江增城开发利用区	43		72		55
20	增江增城保留区	42		72		54
21	增江源头水保护区	64		77		69
22	东深供水渠保护区	67		100		80
23	西枝江惠州开发利用区	18		100		51
24	西枝江惠东保留区	17		100		50

西枝江的评估分区平均得分为51分，得分较低，主要原因为两个评估分区均在白盆珠水库下游，受白盆珠水库调节影响较大。

增江的评估分区平均得分为59分，其中增江源头水保护区位于天堂山水库上游，得分较高，其余两个评估分区位于天堂山水库下游，受天堂山水库调节影响较大。

4.2 水资源调查评估

4.2.1 调查范围

根据东江干流重要水文站点的分布情况，水文站点选用情况见表4-5。于2016年3—5月期间到相应水文站和管理部门调查收集相关数据资料。

表4-5   水文水资源评估河段及水文站选用情况

序号	代表评估河段	选用站名	类型
1	寻乌水（源头-枫树坝坝下）	水背	水文
2	枫树坝坝下-黄沙段	龙川	水文
3	黄沙段-江口段	河源	水文
4	江口-石龙段	博罗	水文

4.2.2 水资源开发利用概况

4.2.2.1 供水量

根据《珠江片水资源公报》《广东省水资源公报》《江西省水资源公报》历年数据，2014年东江流域总供水量46.09亿 m³。其中，地表水供水量44.74亿 m³，地下水供水量为0.54亿 m³，其他水源供水量0.81亿 m³。2014年广东省供水总量为43.71亿 m³，占流域总供水量的94.84%；江西省供水总量2.38亿 m³，占流域总供水量的5.16%（表4-6、表4-7）。

表4-6   2001—2014年东江流域供水量区域组成表

年份	供水总量/亿 m³			分布比例/%	
	江西省	广东省	东江	江西省	广东省
2001	1.48	36.64	38.12	3.88	96.12
2002	1.33	33.49	34.82	3.82	96.18
2003	1.28	35.06	36.34	3.52	96.48
2004	1.62	37.98	39.60	4.09	95.91
2005	1.67	39.47	41.14	4.06	95.94
2006	1.56	40.43	41.99	3.72	96.28
2007	1.27	41.46	42.73	2.97	97.03
2008	1.24	41.37	42.61	2.91	97.09
2009	1.62	41.89	43.51	3.72	96.28
2010	1.51	44.49	46.00	3.28	96.72

续表

年份	供水总量/亿 m³			分布比例/%	
	江西省	广东省	东江	江西省	广东省
2011	2.25	45.46	47.71	4.72	95.28
2012	2.17	45.24	47.41	4.58	95.42
2013	2.45	44.34	46.79	5.23	94.77
2014	2.38	43.71	46.09	5.16	94.84
平均	1.70	40.79	42.49	3.98	96.02

表 4 - 7   2001—2014 年东江流域供水情况统计   单位：亿 m³

年份	行政区	地表水供水量				地下水供水量	其他水源供水量	总供水量
		蓄水	引水	提水	小计			
2001	广东省	14.21	12.77	8.44	35.42	1.11	0.10	36.63
	江西省	0.49	0.80	0.14	1.43	0.05	0.00	1.48
	合计	14.70	13.57	8.58	36.85	1.16	0.10	38.11
2002	广东省	12.98	11.22	7.96	32.16	1.14	0.19	33.49
	江西省	0.31	0.78	0.20	1.29	0.04	0.00	1.33
	合计	13.29	12.00	8.16	33.45	1.18	0.19	34.82
2003	广东省	13.62	6.92	13.10	33.64	1.33	0.09	35.06
	江西省	0.29	0.76	0.19	1.24	0.04	0.00	1.28
	合计	13.91	7.68	13.29	34.88	1.37	0.09	36.34
2004	广东省	11.54	10.99	14.06	36.59	1.27	0.12	37.98
	江西省	0.97	0.54	0.07	1.58	0.04	0.00	1.62
	合计	12.51	11.53	14.13	38.17	1.31	0.12	39.60
2005	广东省	12.37	10.35	15.35	38.07	1.23	0.17	39.47
	江西省	1.01	0.54	0.07	1.62	0.05	0.00	1.67
	合计	13.38	10.89	15.42	39.69	1.28	0.17	41.14
2006	广东省	15.53	11.49	12.50	39.52	0.84	0.07	40.43
	江西省	0.98	0.44	0.07	1.49	0.05	0.00	1.54
	合计	16.51	11.93	12.57	41.01	0.89	0.07	41.97
2007	广东省	19.76	7.70	13.24	40.70	0.68	0.08	41.46
	江西省	0.64	0.49	0.09	1.22	0.05	0.00	1.27
	合计	20.40	8.19	13.33	41.92	0.73	0.08	42.73
2008	广东省	20.47	6.63	13.18	40.28	0.66	0.44	41.37
	江西省	0.62	0.48	0.09	1.19	0.05	0.00	1.24
	合计	21.09	7.11	13.27	41.47	0.71	0.44	42.62
2009	广东省	16.35	12.66	11.51	40.52	0.53	0.84	41.89
	江西省	0.96	0.45	0.16	1.57	0.05	0.00	1.62
	合计	17.31	13.11	11.67	42.09	0.58	0.84	43.51

年份	行政区	地表水供水量				地下水供水量	其他水源供水量	总供水量
		蓄水	引水	提水	小计			
2010	广东省	14.56	17.13	11.90	43.59	0.40	0.36	44.49
	江西省	0.93	0.38	0.15	1.46	0.05	0.00	1.51
	合计	15.49	17.51	12.05	45.05	0.59	0.36	46.00
2011	广东省	14.26	17.36	12.82	44.45	0.62	0.40	45.47
	江西省	1.53	0.45	0.19	2.17	0.08	0.00	2.25
	合计	15.79	17.81	13.01	46.62	0.70	0.40	47.72
2012	广东省	14.26	17.30	12.58	44.13	0.62	0.49	45.24
	江西省	1.48	0.42	0.16	2.06	0.11	0.00	2.17
	合计	15.74	17.72	12.74	46.19	0.73	0.49	47.41
2013	广东省	14.14	16.83	12.37	43.34	0.51	0.49	44.34
	江西省	1.63	0.6	0.21	2.44	0.1	0	2.45
	合计	15.77	17.43	12.58	45.78	0.61	0.49	46.79
2014	广东省	12.61	17.73	12.45	42.79	0.44	0.48	43.71
	江西省	0.92	0.66	0.37	1.95	0.1	0.33	2.38
	合计	13.53	18.39	12.82	44.74	0.54	0.81	46.09
平均	广东省	14.94	11.83	12.12	38.89	0.77	0.21	39.87
	江西省	0.83	0.52	0.11	1.46	0.05	0.12	1.63
	合计	15.77	12.35	12.23	40.35	0.82	0.33	41.5

4.2.2.2   用水量

2001—2014 年东江流域（石龙以上）用水量区域组成情况见表 4-8。

表 4-8   2001—2012 年东江流域（石龙以上）用水量区域组成情况

年份	用水总量/亿 m³			分布比例/%	
	江西省	广东省	东江	江西省	广东省
2001	1.48	36.64	38.12	3.88	96.12
2002	1.33	33.49	34.82	3.82	96.18
2003	1.28	35.06	36.34	3.52	96.48
2004	1.62	37.98	39.60	4.09	95.91
2005	1.67	39.47	41.14	4.06	95.94
2006	1.56	40.43	41.99	3.72	96.28
2007	1.27	41.46	42.73	2.97	97.03
2008	1.24	41.37	42.61	2.91	97.09
2009	1.62	41.89	43.51	3.72	96.28
2010	1.51	44.49	46.00	3.28	96.72
2011	2.25	45.46	47.71	4.72	95.28

年份	用水总量/亿 m³			分布比例/%	
	江西省	广东省	东江	江西省	广东省
2012	2.17	45.24	47.41	4.58	95.42
2013	2.45	44.34	46.79	5.23	94.73
2014	2.38	43.71	46.09	5.16	94.84
平均	1.7	40.79	42.49	3.98	96.02

从用水区域组成分析，东江流域用水主要集中在广东省，2001—2014 年其用水量占全流域的 96% 左右，江西省占全流域的 4% 左右。

4.2.2.3　耗损量

2014 年东江流域耗损量 16.31 亿 m³。其中广东省 15.12 亿 m³、江西省 1.18 亿 m³。2001—2014 年东江流域（石龙以上）耗损量情况见表 4 - 9。

表 4 - 9　　　　　　　　2001—2014 年东江流域（石龙以上）耗损量情况

年份	广东			江西			东江		
	用水量/亿 m³	耗损量/亿 m³	耗水率/%	用水量/亿 m³	耗损量/亿 m³	耗水率/%	用水量/亿 m³	耗损量/亿 m³	耗水率/%
2001	36.63	13.32	36.36	1.48	1.04	70.27	38.11	14.36	37.68
2002	33.49	12.33	36.82	1.33	0.92	69.17	34.82	13.25	38.05
2003	35.06	12.69	36.2	1.28	0.84	65.63	36.34	13.53	37.23
2004	37.98	14.01	36.89	1.62	1.08	66.67	39.6	15.09	38.11
2005	39.47	13.44	34.05	1.67	1.12	67.07	41.14	14.56	35.39
2006	40.43	13.19	32.62	1.56	1.03	66.03	41.99	14.22	33.87
2007	41.46	14.87	35.87	1.27	0.82	64.57	42.73	15.69	36.72
2008	41.37	14.19	34.3	1.24	0.78	62.9	42.61	14.97	35.13
2009	41.89	14.32	34.18	1.62	0.84	51.85	43.51	15.16	34.84
2010	44.49	15.02	33.76	1.51	0.79	52.32	46	15.81	34.37
2011	45.46	16.23	35.70	2.25	1.36	60.44	47.71	17.59	36.87
2012	45.24	16.04	35.46	2.17	1.27	58.53	47.41	17.31	36.51
2013	44.34	15.43	34.8	2.45	1.22	50.1	46.79	16.66	35.61
2014	43.71	15.12	34.6	2.38	1.18	49.9	46.09	16.31	35.39
平均值	40.79	14.34	35.12	1.70	1.02	61.10	42.49	15.32	36.12

4.2.3　用水水平分析

根据东江流域（石龙以上）用水现状调查结果，进行东江流域（石龙以上）用水趋势分析，见表 4 - 10。

表 4-10 2001—2014 年东江流域（石龙以上）用水量

年份	江 西 省		广 东 省		流 域	
	用水量/亿 m³	年增长率/%	用水量/亿 m³	年增长率/%	用水量/亿 m³	年增长率/%
2000	1.54	—	36.67	—	38.21	—
2001	1.48	−3.9	36.63	−0.1	38.11	−0.3
2002	1.33	−10.1	33.49	−8.6	34.82	−8.6
2003	1.28	−3.8	35.06	4.7	36.34	4.4
2004	1.62	26.6	37.98	8.3	39.60	9.0
2005	1.67	3.1	39.47	3.9	41.14	3.9
2006	1.56	−6.6	40.43	2.4	41.99	2.1
2007	1.27	−18.6	41.46	2.5	42.73	1.8
2008	1.24	−2.4	41.37	−0.2	42.61	−0.3
2009	1.62	30.6	41.89	1.3	43.51	2.1
2010	1.51	−6.8	44.49	6.2	46.00	5.7
2011	2.25	49.0	45.46	2.2	47.71	3.7
2012	2.17	−3.6	45.24	−0.5	47.41	−0.6
2013	2.45	12.9	44.34	−2	46.79	−1.3
2014	2.38	−2.9	43.71	−1.4	46.09	−1.5
平均	1.69	4.54	40.51	1.34	42.20	1.44

从表 4-10 中可以看出，2000 年以后流域总用水量增长速度较快，从 2000 年的 38.21 亿 m³ 增长至 2014 年的 46.09 亿 m³，14 年总用水量增加了 7.88 亿 m³，年平均增长 1.44%。2000—2014 年，广东省境内用水量年平均增长率为 1.34%；2010 年，广东省境内用水量较 2009 年增长较大，增长率达 6.2%。2000—2014 年，江西省境内用水量年平均增长率为 4.54%；2011 年，江西省境内用水量较 2009 年增长较大，增长率达 49%。

根据调查，近 10 年，东江流域广东省工业发展较快，其年工业增加值增长率平均为 20.6%；2005 年 3 月，广东省政府制定出台了《关于广东省山区及东西两翼与珠江三角洲联手推进产业转移的意见（试行）》（粤府〔2005〕22 号）。统计至 2010 年，流域内广东省成立 7 个产业转移园（集中在河源与惠州），工业用水量约 1.5 亿 m³。因此，广东省境内用水量有所增加。

2011 年、2012 年东江流域江西省境内的用水量较 2010 年之前有了较大增长，主要增长指标为江西省境内林果地用水量。东江流域（石龙以上）江西省林果灌溉用水量及林果灌溉面积在 2011 年有明显突增，其用水定额趋势无明显突变。经复核，2010 年之前江西省对境内林果地用水量统计不全面，未对脐橙地用水量进行统计。

5

水 质 调 查 与 分 析

5.1 水质现状调查

5.1.1 监测点位与监测参数

根据全国重要江河湖泊水功能区划、广东省水功能区区划和江西省水功能区区划，本次水质监测设定了 32 个监测点位，水质监测断面见表 5-1。

表 5-1 水 质 监 测 断 面

序号	水功能一级区	水功能二级区	监测断面位置	水质评价指标
1	寻乌水源头水保护区		寻乌澄江镇新屋村附近	DO、OCP、HMP
2	寻乌水寻乌保留区		寻乌吉潭镇陈屋坝老桥处	DO、OCP、HMP
3	寻乌水赣粤缓冲区		寻乌县留车镇 X401 县道大桥或上游 0.8km 小桥处	DO、OCP、HMP
4	东江干流龙川保留区		石水镇	DO、OCP、HMP
5	东江干流龙川保留区		枫树坝镇枫树坝桥附近	DO、OCP、HMP
6	东江干流佗城保护区		龙川县苏雷坝水电站对面	DO、OCP、HMP
7	东江干流佗城保护区		龙川县佗城镇南门码头	DO、OCP、HMP
8	东江干流河源保留区		东源县黄田镇黄田中学渡口处	DO、OCP、HMP
9	东江干流河源保留区		河源义和镇独石村（独石大桥附近）	DO、OCP、HMP
10	东江干流河源开发利用区	东江干流古竹饮用、农业用水区	河源市东江大桥附近	DO、OCP、HMP、DWS
11	东江干流河源开发利用区	东江干流古竹饮用、农业用水区	河源临江镇对面临江子环境监测站处	DO、OCP、HMP、DWS
12	东江干流博罗、惠阳保留区		惠州观音阁镇观音庙附近	DO、OCP、HMP

续表

序号	水功能一级区	水功能二级区	监测断面位置	水质评价指标
13	东江干流博罗、惠阳保留区		泰美镇夏青村处	DO、OCP、HMP
14	东江干流惠阳、惠州、博罗开发利用区	东江干流惠州饮用、农业用水区	惠州市中心大桥附近	DO、OCP、HMP、DWS
15	东江干流惠阳、惠州、博罗开发利用区	东江干流惠州饮用、农业用水区	惠州市东江公园内	DO、OCP、HMP、DWS
16	东江干流博罗、潼湖缓冲区		博罗县博罗大桥上游500m处	DO、OCP、HMP
17	东江东深供水水源地保护区		东莞桥头镇自来水厂、水质监测站附近	DO、OCP、HMP、DWS
18	东江干流石龙开发利用区	东江干流石龙饮用、农业用水区	东莞石洲大桥下游500m码头处或以下丁坝处	DO、OCP、HMP、DWS
19	东江干流石龙开发利用区	东江干流石龙饮用、农业用水区	东莞石龙罗浮山东江大桥岸边	DO、OCP、HMP、DWS
20	东深供水渠保护区		东莞雍景花园	DO、OCP、HMP、DWS
21	东深供水渠保护区		深圳水库库前	DO、OCP、HMP、DWS
22	定南水源头水保护区		安远县镇岗乡	DO、OCP、HMP
23	定南水定南保留区		定南县鹤子镇坳上村附近	DO、OCP、HMP
24	定南水赣粤缓冲区		定南县天九镇九曲村古桥	DO、OCP、HMP
25	定南水龙川保留区		枫树坝水库库尾	DO、OCP、HMP
26	新丰江源头水保护区		新丰县福水村马头大桥	DO、OCP、HMP
27	新丰江源城开发利用区	新丰江源城饮用、农业用水区	源城镇东江入口	DO、OCP、HMP、DWS
28	增江源头水保护区		蓝田瑶族乡附近社前村	DO、OCP、HMP
29	增江增城保留区		增城市小楼镇沿岸	DO、OCP、HMP
30	增江增城开发利用区	增江三江饮用、农业用水区	石滩镇	DO、OCP、HMP、DWS
31	西枝江惠东保留区		惠东宝华寺	DO、OCP、HMP
32	西枝江惠州开发利用区	西枝江惠阳饮用、农业用水区	惠州西枝江大桥附近	DO、OCP、HMP、DWS

注　DO—溶解氧；OCP—好氧有机污染物（高锰酸盐指数、五日生化需氧量、氨氮）；HMP—重金属污染状况（砷、汞、铬、镉、铅）；DWS—饮用水源特性污染物（甲苯、乙苯、二甲苯）。

图 5-1 水质监测现场取样

5.1.2 监测方法及仪器

根据 GB/T 11892—1989《水质 高锰酸盐指数的测定》、HJ 505—2009《水质 五日生化需氧量（BOD₅）的测定 稀释与接种法》、《水和废水监测分析方法》（第四版增补版）国家环境保护总局（2002 年）、GB/T 7475—1987《水质 铜、锌、铅、镉的测定 原子吸收分光光谱法》等规范的要求，采用滴定法、稀释与接种法等方法进行监测。水质监测方法与仪器见表 5-2。

表 5-2 水质监测方法与仪器

监测类别	监测项目	监测方法	监测依据	设备名称	仪器出厂编号	检出限 /(mg/L)
地表水	高锰酸盐指数	滴定法	GB/T 11892—1989	滴定管	—	0.5
	五日生化需氧量	稀释与接种法	HJ 505—2009	生化培养箱	THA1008748	0.5
	氨氮	纳氏试剂分光光度法	HJ 535—2009	分光光度计 UV 759	076710060008	0.025
	砷	原子荧光法	HJ 694—2014	原子荧光光度计 AFS-2000	2000/29022	0.0003
	汞					0.00004
	铬	火焰原子吸收法	《水和废水监测分析方法》（第四版增补版）国家环境保护总局（2002 年）	石墨炉原子化器	A30534830256 CS	0.03
	镉	原子吸收分光光度法	GB/T 7475—1987	原子吸收分光光度计 AA-6300CF	A30644830592 CS	0.001
	铅					0.01
	溶解氧	碘量法	GB/T 7489—1987	滴定管	—	0.2
	甲苯	气相色谱法	GB 11890—1989	气相色谱仪	2010114964	0.006
	乙苯					0.006
	二甲苯					0.006

5.2 水质监测调查结果

5.2.1 DO 水质状况评价结果

东江流域枯水期水质良好，无超标区域；丰水期大部分区域水质良好，仅西枝江惠州开发利用区 DO 超标 1.14 倍。东江流域枯水期水质监测结果见表 5-3，东江流域丰水期水质监测结果见表 5-4。

表 5-3 东江流域枯水期水质监测结果

序号	水功能一级区	水功能二级区	水质目标	达标评价	高锰酸盐指数	BOD_5	氨氮	砷	汞	铬	镉	铅	甲苯	乙苯	二甲苯	DO
1	寻乌水源头水保护区		Ⅱ	达标	达标	达标	达标	达标	达标	达标	达标	达标	—	—	—	达标
2	寻乌水寻乌保留区		Ⅲ	达标	达标	达标	达标	达标	达标	达标	达标	达标	—	—	—	达标
3	寻乌水赣粤缓冲区		Ⅲ	达标	达标	达标	达标	达标	达标	达标	达标	达标	—	—	—	达标
4	东江干流龙川保留区		Ⅱ	达标	达标	达标	达标	达标	达标	达标	达标	达标	—	—	—	达标
5	东江干流龙川保留区		Ⅱ	达标	达标	达标	达标	达标	达标	达标	达标	达标	—	—	—	达标
6	东江干流佗城保护区		Ⅱ	达标	达标	达标	达标	达标	达标	达标	达标	达标	达标	达标	达标	达标
7	东江干流佗城保护区		Ⅱ	达标	达标	达标	达标	达标	达标	达标	达标	达标	—	—	—	达标
8	东江干流河源保留区		Ⅱ	达标	达标	达标	达标	达标	达标	达标	达标	达标	—	—	—	达标
9	东江干流河源保留区		Ⅱ	达标	达标	达标	达标	达标	达标	达标	达标	达标	达标	达标	达标	达标
10	东江干流河源开发利用区	东江干流古竹饮用、农业用水区	Ⅱ	达标	达标	达标	达标	达标	达标	达标	达标	达标	达标	达标	达标	达标
11	东江干流河源开发利用区	东江干流古竹饮用、农业用水区	Ⅱ	达标	达标	达标	达标	达标	达标	达标	达标	达标	达标	达标	达标	达标
12	东江干流博罗、惠阳保留区		Ⅱ	达标	达标	达标	达标	达标	达标	达标	达标	达标	—	—	—	达标
13	东江干流博罗、惠阳保留区		Ⅱ	达标	达标	达标	达标	达标	达标	达标	达标	达标	—	—	—	达标
14	东江干流惠阳、惠州、博罗开发利用区	东江干流惠州饮用、农业用水区	Ⅱ	达标	达标	达标	达标	达标	达标	达标	达标	达标	达标	达标	达标	达标
15	东江干流惠阳、惠州、博罗开发利用区	东江干流惠州饮用、农业用水区	Ⅱ	达标	达标	达标	达标	达标	达标	达标	达标	达标	达标	达标	达标	达标
16	东江干流博罗、潼湖缓冲区		Ⅱ	不达标	达标	达标	超标1.03倍	达标	达标	达标	达标	达标	达标	—	—	—	达标

序号	水功能一级区	水功能二级区	水质目标	达标评价	高锰酸盐指数	BOD$_5$	氨氮	砷	汞	铬	镉	铅	甲苯	乙苯	二甲苯	DO
17	东江东深供水水源地保护区		Ⅱ	达标	达标	达标	达标	达标	达标	达标	达标	达标	达标	达标	达标	达标
18	东江干流石龙开发利用区	东江干流石龙饮用、农业用水区	Ⅱ	达标	达标	达标	达标	达标	达标	达标	达标	达标	达标	达标	达标	达标
19	东江干流石龙开发利用区	东江干流石龙饮用、农业用水区	Ⅱ	达标	达标	达标	达标	达标	达标	达标	达标	达标	达标	达标	达标	达标
20	东深供水渠保护区		Ⅱ	达标	达标	达标	达标	达标	达标	达标	达标	达标	达标	达标	达标	达标
21	东深供水渠保护区		Ⅱ	达标	达标	达标	达标	达标	达标	达标	达标	达标	达标	达标	达标	达标
22	定南水源头水保护区		Ⅲ	达标	达标	达标	达标	达标	达标	达标	达标	达标	—	—	—	达标
23	定南水定南保留区		Ⅲ	达标	达标	达标	达标	达标	达标	达标	达标	达标				达标
24	定南水赣粤缓冲区		Ⅲ	达标	达标	达标	达标	达标	达标	达标	达标	达标				达标
25	定南水龙川保留区		Ⅱ	达标	达标	达标	达标	达标	达标	达标	达标	达标				达标
26	新丰江源头水保护区		Ⅱ	达标	达标	达标	达标	达标	达标	达标	达标	达标				达标
27	新丰江源城开发利用区	新丰江源城饮用、农业用水区	Ⅱ	达标	达标	达标	达标	达标	达标	达标	达标	达标	达标	达标	达标	达标
28	增江源头水保护区		Ⅱ	达标	达标	达标	达标	达标	达标	达标	达标	达标	—	—	—	达标
29	增江增城保留区		Ⅱ	达标	达标	达标	达标	达标	达标	达标	达标	达标				达标
30	增江增城开发利用区	增江三江饮用、农业用水区	Ⅲ	达标	达标	达标	达标	达标	达标	达标	达标	达标	达标	达标	达标	达标
31	西枝江惠东保留区		Ⅱ	达标	达标	达标	达标	达标	达标	达标	达标	达标				达标
32	西枝江惠州开发利用区	西枝江惠阳饮用、农业用水区	Ⅱ	不达标	达标	超标1.14倍	超标1.39倍	达标	超标1.6倍	超标1.4倍	达标	达标	达标	达标	达标	达标

表 5 - 4　　　　　　　　　东江流域丰水期水质监测结果

序号	水功能一级区	水功能二级区	水质目标	达标评价	高锰酸盐指数	BOD$_5$	氨氮	砷	汞	铬	镉	铅	甲苯	乙苯	二甲苯	DO
1	寻乌水源头水保护区		Ⅱ	达标	达标	达标	达标	达标	达标	达标	达标	达标	—	—	—	达标
2	寻乌水寻乌保留区		Ⅲ	达标	达标	达标	达标	达标	达标	达标	达标	达标	—	—	—	达标
3	寻乌水赣粤缓冲区		Ⅲ	达标	达标	达标	达标	达标	达标	达标	达标	达标	—	—	—	达标
4	东江干流龙川保留区		Ⅱ	达标	达标	达标	达标	达标	达标	达标	达标	达标	—	—	—	达标
5	东江干流佗城保护区		Ⅱ	达标	达标	达标	达标	达标	达标	达标	达标	达标	—	—	—	达标
6	东江干流佗城保护区		Ⅱ	达标	达标	达标	达标	达标	达标	达标	达标	达标	—	—	—	达标
7	东江干流河源保留区		Ⅱ	达标	达标	达标	达标	达标	达标	达标	达标	达标	—	—	—	达标

序号	水功能一级区	水功能二级区	水质目标	达标评价	高锰酸盐指数	BOD$_5$	氨氮	砷	汞	铬	镉	铅	甲苯	乙苯	二甲苯	DO
8	东江干流河源保留区		Ⅱ	达标	达标	达标	达标	达标	达标	达标	达标	达标	—	—	—	达标
9	东江干流河源开发利用区	东江干流古竹饮用、农业用水区	Ⅱ	达标	达标	达标	达标	达标	达标	达标	达标	达标	达标	达标	达标	达标
10	东江干流河源开发利用区	东江干流古竹饮用、农业用水区	Ⅱ	达标	达标	达标	达标	达标	达标	达标	达标	达标	达标	达标	达标	达标
11	东江干流博罗、惠阳保留区		Ⅱ	达标	达标	达标	达标	达标	达标	达标	达标	达标	—	—	—	达标
12	东江干流博罗、惠阳保留区		Ⅱ	达标	达标	达标	达标	达标	达标	达标	达标	达标	—	—	—	达标
13	东江干流惠阳、惠州、博罗开发利用区	东江干流惠州饮用、农业用水区	Ⅱ	达标	达标	达标	达标	达标	达标	达标	达标	达标	达标	达标	达标	达标
14	东江干流惠阳、惠州、博罗开发利用区	东江干流惠州饮用、农业用水区	Ⅱ	达标	达标	达标	达标	达标	达标	达标	达标	达标	达标	达标	达标	达标
15	东江干流博罗、潼湖缓冲区		Ⅱ	达标	达标	达标	达标	达标	达标	达标	达标	达标				达标
16	东江东深供水水源地保护区		Ⅱ	达标	达标	达标	达标	达标	达标	达标	达标	达标	达标	达标	达标	达标
17	东江干流石龙开发利用区	东江干流石龙饮用、农业用水区	Ⅱ	达标	达标	达标	达标	达标	达标	达标	达标	达标	达标	达标	达标	达标
18	东江干流石龙开发利用区	东江干流石龙饮用、农业用水区	Ⅱ	达标	达标	达标	达标	达标	达标	达标	达标	达标	达标	达标	达标	达标
19	东深供水渠保护区		Ⅱ	达标	达标	达标	达标	达标	达标	达标	达标	达标	达标	达标	达标	达标
20	东深供水渠保护区		Ⅱ	达标	达标	达标	达标	达标	达标	达标	达标	达标	达标	达标	达标	达标
21	定南水源头水保护区		Ⅲ	达标	达标	达标	达标	达标	达标	达标	达标	达标	—	—	—	达标
22	定南水定南保留区		Ⅲ	达标	达标	达标	达标	达标	达标	达标	达标	达标	—	—	—	达标
23	定南水赣粤缓冲区		Ⅲ	达标	达标	达标	达标	达标	达标	达标	达标	达标	—	—	—	达标
24	定南水龙川保留区		Ⅱ	达标	达标	达标	达标	达标	达标	达标	达标	达标	—	—	—	达标
25	新丰江源头水保护区		Ⅱ	达标	达标	达标	达标	达标	达标	达标	达标	达标	—	—	—	达标
26	新丰江源城开发利用区	新丰江源城饮用、农业用水区	Ⅱ	达标	达标	达标	达标	达标	达标	达标	达标	达标	达标	达标	达标	达标
27	增江源头水保护区		Ⅱ	达标	达标	达标	达标	达标	达标	达标	达标	达标	—	—	—	达标

续表

序号	水功能一级区	水功能二级区	水质目标	达标评价	高锰酸盐指数	BOD₅	氨氮	砷	汞	铬	镉	铅	甲苯	乙苯	二甲苯	DO
28	增江增城保留区		II	不达标	达标	超标1.01倍	达标	达标	达标	达标	达标	达标	—	—	—	达标
29	增江增城开发利用区	增江三江饮用、农业用水区	III	达标	达标	达标	达标	达标	达标	达标	达标	达标	达标	达标	达标	达标
30	西枝江惠东保留区		II	达标	达标	达标	达标	达标	达标	达标	达标	达标	—	—	—	达标
31	西枝江惠州开发利用区	西枝江惠阳饮用、农业用水区	II	不达标	达标	超标1.2倍	超标3.6倍	达标	达标	达标	达标	达标	达标	达标	达标	超标1.14倍

5.2.2　耗氧有机物监测结果

东江流域枯水期、丰水期全年平均耗氧有机物监测结果见表5-3和表5-4。枯水期西枝江惠州开发利用区氨氮超标1.39倍，BOD₅超标1.14倍；东江干流博罗、潼湖缓冲区氨氮超标1.03倍。丰水期西枝江惠州开发利用区氨氮超标3.6倍，BOD₅超标1.2倍；增江增城保留区BOD₅超标1.01倍。

5.2.3　重金属监测结果

东江流域丰水期、枯水期及全年平均重金属监测结果见表5-3和表5-4。东江丰水期水质良好，重金属无超标现象；枯水期西枝江惠州开发利用区汞超标1.6倍，铬超标1.4倍。

5.2.4　苯系物监测结果

东江流域枯水期、丰水期全年平均苯系物监测结果见表5-3和表5-4。由表5-3和表5-4可知，东江流域丰水期、枯水期苯系物无超标现象。

5.2.5　总体结果

东江流域枯水期、丰水期水质大部分区域达标，变化趋势不大。枯水期东江干流博罗、潼湖缓冲区耗氧有机物存在超标现象，西枝江惠州开发利用区耗氧有机物和重金属存在超标现象。丰水期增江增城保留区耗氧有机物存在超标现象，西枝江惠州开发利用区DO、耗氧有机物存在超标现象。

6

水 生 态 调 查 与 分 析

6.1　水生生物监测与调查

6.1.1　调查范围、点位与监测指标

　　本书以东江流域为调查与评估范围，于东江干流及增江、新丰江、贝岭水、西枝江、石马河等重要支流设置 18 个监测断面，开展东江流域的水生态枯水期、丰水期监测及调查与评估工作。东江流域水生态调查与评估监测断面见表 6-1。

表 6-1　　　　　　　　东江流域水生态调查与评估监测断面表

序号	断面编码	河流名称	河流类型	所属功能区	生物评估指标	
					枯水期	丰水期
1	D1	寻乌水	干流源头		ED、ZB	ED、ZB
2	D2	寻乌水	干流源头		ED、ZB	ED、ZB
3	D3	贝岭水、九曲河	源头支流		ED、ZB	ED、ZB
4	D4	贝岭水、九曲河	源头支流		ED、ZB	ED、ZB
5	D5	寻乌水、留车河	干流上游		ED、ZB	ED、ZB
6	D6	东江	干流		ED、ZB	ED、ZB
7	D7	东江	干流		ED、ZB	ED、ZB
8	D8	东江	干流		ED、ZB	ED、ZB
9	D9	东江	干流		ED、ZB	ED、ZB
10	D10	东江、西枝江汇流处	干流		ED、ZB	ED、ZB
11	D11	东江	干流		ED、ZB	ED、ZB
12	D12	东江	干流		ED、ZB	ED、ZB
13	D13	石马河	中游支流		—	ED、ZB
14	D14	东江	干流		ED、ZB	ED、ZB
15	D15	增江中下游	下游支流			ED、ZB
16	D16	增江上游	下游支流		—	ED、ZB
17	D17	新丰江	中游支流		—	ED、ZB
18	D18	西枝江	中下游支流		ED、ZB	ED、ZB
19	D枫树坝	枫树坝水库				ED、ZB

　　注　ED—附生硅藻；ZB—底栖动物。

在枯水期、丰水期分别设置18个监测断面，其中枯水期6个监测断面的监测指标为底栖动物（ZB），12个监测断面的监测指标为附生硅藻（ED，Epilithic Eiatoms）、大型底栖动物（ZB）；丰水期18个监测断面的监测指标为ED和ZB。在第一次现场查勘时，增加丰水期枫树坝水库的监测工作。

图6-1　东江D1号断面（寻乌澄江镇新屋村附近）现场工作照

6.1.2　监测时间及频次

东江流域水生态调查与评价工作在枯水期、丰水期各进行1次，东江D₁号断面（寻乌澄江镇新屋村附近）现场工作照见图6-1。

（1）2016年3月30日—4月1日，开展了东江流域枯水期现场调查与生态监测取样工作。

（2）2016年7月26—29日，开展了东江流域丰水期现场调查与生态监测取样工作。

6.1.3　采样与监测方法

6.1.3.1　附生硅藻

附生硅藻采样基质为能抵抗水流、地势开阔处无树荫遮挡的大石，用牙刷刷取，每个采样点至少采集5块石头，混合样加15‰甲醛固定。采样点应避开排污口，所选石块以位于水面以下20cm处为佳，太深处的石块由于光线太弱不适合附生硅藻生长。采样时间以枯水期为佳，丰水期水位变化幅度较大且水体中含有大量泥沙，影响观察。

取 2mL 硅藻样品加入 20mL 双氧水，水浴加热 16h 去除硅藻有机质，之后静置沉降 12h 移除上清液，加入 10mL 10%盐酸，待试管中气泡消失，静置沉降，移除上清液，反复用蒸馏水清洗沉淀物 3 次，消化后的硅藻仅剩硅质外壳。取适宜浓度的消化后的硅藻样品置于盖玻片上，自然风干后使用 Naphrax 封片胶制成可永久保存的玻片标本，在显微镜下放大 1000 倍鉴定，视野内所有的硅藻样品及破损面积不超过 1/4 的都要鉴定和计数，至少计数 300 个硅藻壳面，计数结果可以用不同种的相对丰度和比例来表示。

根据欧盟标准方法 EN 14407（2005）：光学显微镜（LM）1000 倍油镜镜头下检定，视野内所有完整及破损面积不超过 1/4 的硅藻细胞都要鉴定和计数，每个样片计数需超过 400 个细胞，可以用相对丰度来表示不同硅藻种的计数。硅藻种类的鉴定主要根据 Krammer 和 Lange – Bertalot 鉴定体系（1986—1991）。

6.1.3.2 底栖动物

采样时，用脚或小铁耙有力地搅动网前定量框内的底质，用手将粘附在石块上的底栖动物洗刷入网。半定量样本包括踢网样和 D 形抄网样，踢样只在急流中采 1 个，0.15～1m^2，采样时用脚、小铁耙搅动网前 0.15～1m^2 的底质，同样用手或毛刷刷下粘附在石块上的底栖动物；在静水、缓流工程堤岸边用 D 形抄网采集，视现场生境条件，采集一定面积的样品，分别存放。标本经大致清洗后用 5%～10%福尔马林溶液固定带回实验室。

标本鉴定至属或种，少数为目或科。记录各分类单元个体数。

现场样品采集与调查工作照详见图 6－2～图 6－13。

图 6－2　东江 D2 号断面（寻乌县吉潭镇陈屋坝老桥处）现场工作照

图 6-3　东江 D3 号断面（定南县鹤子镇坳上村附近）现场工作照

图 6-4　东江 D4 号断面（定南县天九镇九曲村古桥处）现场工作照

图6-5 东江D5号断面（寻乌县斗晏水电站坝下约2km处）现场工作照

图 6-6　东江 D6 号断面（龙川县苏雷坝水电站下游）现场工作照

图 6-7　东江 D7 号断面（东源县黄田镇黄田中学渡口处）现场工作照

图6-8　东江D8号断面（河源市临江镇对面临江子环境监测站处）现场工作照

图6-9　东江D9号断面（博罗县泰美镇夏青村处）现场工作照

图6-10　东江 D10 号断面（惠州市惠城区东江公园内）现场工作照

图6-11　东江 D11 号断面（博罗县罗阳镇博罗大桥上游 5.00m 处）现场工作照

图6-12 东江D12号断面（东莞市桥头镇自来水厂、水质监测站附近）现场工作照

图6-13 东江D14号断面（东莞市石洲大桥下游约3km处）现场工作照

6.1.4 评估方法

法国的硅藻生物监测技术属于世界领先水平，得到了世界各国的公认，因此本书采用法国的硅藻监测技术及评估标准。法国硅藻分析主要使用两个指数：特定污染敏感指数（IPS）和硅藻生物指数（IBD），均是法国淡水水质监测的标准方法。这两个生物指数主要作用如下：①评估一个水域的生物质量状况；②监测一个水域生物质量的时间变化；③监测河流生物质量的空间变化；④评估某次污染对水环境系统带来的影响。

这两个指数的计算依据是样本中每个硅藻种类的丰富度，它们之间的不同之处主要是计算指数的数据库包括的硅藻种类不同：①IPS 包括了所有硅藻种群（包括热带种群）；②IBD 包括 209 种在法国淡水中生活的指示型物种。

IPS 与水环境的物理化学特性相关性很好，最近更新的 IPS 对极值更为敏感，已被法国标准协会推荐作为法国淡水水质监测的标准方法。

IPS 使用了样本中发现的所有分类物种信息，每个物种有对应的敏感级别（Ⅰ）和指数值（Ⅴ）的排序评分，其公式与 Zelinka 和 Marvan（1961）的类似。

$$IPS = \frac{\sum_{j=1}^{n} A_j I_j V_j}{\sum_{j=1}^{n} A_j V_j} \tag{6-1}$$

式中　A_j——j 物种的相对丰富度；

$\quad\quad I_j$——数值为 1～5 的敏感度系数；

$\quad\quad V_j$——数值为 1～3 的指数值。

IBD 应用了预先定义好的生态状态，描述了 500 种硅藻在 7 种不同水质类别情况下的出现概率，这 7 种水质类别是在 1331 个样本和 17 个目前使用的化学参数的基础上定义的。IBD 是每个调查中最具代表性物种（依据丰度下限选择）的分布重心。

$$F(i) = \frac{\sum_{X=1}^{n} A_X \times P_{\text{class}(i)} \times V_X}{\sum_{X=1}^{n} A_X \times V_X} \tag{6-2}$$

式中　$F(i)$——i 级水质情况下的加权平均出现概率；

$\quad\quad A_X$——X 物种丰富度，‰；

$\quad\quad P_{\text{class}(i)}$——$i$ 级水质情况下 X 物种的出现概率；

$\quad\quad V_X$——指数值为 0.34～1.66；

$\quad\quad n$——使用到的物种总数（丰富度≥7.5‰）。

$$B = F(1) + F(2) \times 2 + F(3) \times 3 + F(4) \times 4 + F(5) \times 5 + F(6) \times 6 + F(7) \times 7 \tag{6-3}$$

式中　B——分布重心，相当于 7 分制的 IBD，对应的成 20 分制的 IBD 见表 6-2。

计算出的硅藻指数值可以进行生态质量评价。生态质量评价表见表 6-3。与 IBD 和 IPS 硅藻指数对应的 5 级生态质量用不同的颜色表示。

表 6 - 2   IBD 指 数 换 算 表

B 值	[0；2]	[2；6]	[6；7]
IBD/20	1	$(4.75 \times B) - 8.5$	20

表 6 - 3   生 态 质 量 评 价 表

IPS - IBD≥17	很好	9＞IPS - IBD≥5	差
17＞IPS - IBD≥13	好	IPS - IBD＜5	很差
13＞IPS - IBD≥9	中等		

6.2 环境要素调查

6.2.1 枯水期

2016 年 3 月 30 日—4 月 1 日对东江流域开展了枯水期的生态调查工作。现场调查发现，在枯水期，流域水温为 15.7～21.1℃，均值达到 18.38℃；采样水深为 0.5～3.0m，均值为 1.69m；透明度为 0.10～0.50m，平均为 0.20cm；河流流速除了部分断面为近静止水体或缓流水体外，其余断面流速为 0.084～2.477m/s，平均流速为 1.14m/s；pH 值为 6.29～7.01，均值为 6.69，为中性水体。此外，现场调查河床底质，东江流域干支流的中上游多以卵石、块石和粗砂为主，其中下游多以细砂、淤泥质为主。东江流域枯水期（3 月末 4 月初）主要环境要素调查一览表见表 6 - 4。

表 6 - 4   东江流域枯水期（3 月末 4 月初）主要环境要素调查一览表

序号	时间	样点编号	断面位置	纬度 N	经度 E	水温/℃	水深/m	透明度/cm	流速/(m/s)	pH值	采集卵石数量/个	采集底栖面积/m²	底质类型及特征
1	8：30	D1	寻乌澄江镇新屋村附近	25°4′48″	115°40′33″	15.7	1.0	0.25	1.228	6.81	9	0.30	块石、卵石为主
2	10：38	D2	寻乌吉潭镇陈屋坝老桥处	24°56′37″	115°43′55″	17.7	0.7	0.50	2.477	6.80	6	0.15	卵石、粗砂为主，黑藻等沉水植被
3	17：15	D3	定南县鹤子镇坳上村附近	24°57′32″	115°38′59″	16.2	0.8	0.25	1.631	6.68	6	0.15	卵石为主，以及粗砂、细砂
4	15：01	D4	定南县天九镇九曲村古桥处	24°74′29″	115°16′76″	16.7	0.5	0.20	2.166	6.64	6	0.15	块石、卵石为主
5	13：18	D5	寻乌县斗晏水电站坝下约 2km 处	24°38′43″	115°33′24″	18.4	2.0	0.15	1.996	6.57	5	0.20	块石、粗砂为主
6	18：45	D6	龙川县苏雷坝水电站下游	24°7′37″	115°15′4″	18.9	3.0	0.20	0.885	6.62	7	0.15	粗砂、泥质为主
7	6：25	D7	东源县黄田镇黄田中学渡口处	23°52′49″	114°58′33″	17.2	2.0	0.15	0.808	6.80	3	0.15	淤泥质为主，粗砂、细砂少

序号	时间	样点编号	断面位置	纬度 N	经度 E	水温/℃	水深/m	透明度/cm	流速/(m/s)	pH值	采集卵石数量/个	采集底栖面积/m²	底质类型及特征
8	8：48	D8	河源市临江镇对面临江子环境监测站处	23°39′1″	114°40′19″	17.5	2.0	0.10	0.084	6.80	6	0.15	淤泥质为主，粗砂、细砂少，零星块石
9	11：03	D9	博罗县泰美镇夏青村处	23°19′23″	114°29′51″	19.5	2.0	0.15	1.523	6.57	3	0.15	粗砂、细砂、泥质为主，零星块石
10	12：46	D10	惠州市东江公园内	23°6′7″	114°24′32″	20.7	2.0	0.15	0.310	7.01	4	0.15	卵石、粗砂、泥质为主，零星块石
11	15：25	D11	博罗县博罗大桥上游500m处	23°9′25″	114°16′14″	21.1	2.0	0.15	1.363	6.58	4	0.15	粗砂、泥质为主，零星卵石、块石
12	17：04	D12	东莞桥头镇自来水厂、水质监测站附近	23°2′47″	114°7′36″	19.8	2.0	0.15	0.132	6.81	6	0.15	粗砂、泥质为主，零星卵石、块石
13	18：14	D14	东莞石洲大桥下游约3km处	23°6′47″	114°56′17″	19.6	2.0	0.15	0.256	6.29	9	0.15	粗砂、泥质为主，零星卵石、块石

6.2.2　丰水期

2016 年 7 月 26—29 日，项目组开展了东江流域丰水期现场调查与生态监测取样工作。现场调查发现，在丰水期，流域水温为 19.5～34.5℃，均值为 30.4℃；采样水深为 40～120cm，均值为 57.4cm；透明度除几个监测断面由于水浅或水质较好而清澈见底外，其他断面为 20～60cm，平均为 34.0cm；河流流速除部分断面为近静止水体或缓流水体外，其余断面流速为 0.017～0.935m/s，平均流速为 0.379m/s。此外，现场调查河床底质发现，东江流域干支流的中上游多以卵石、块石和粗砂为主，其中下游多以细砂、淤泥质为主，石马河断面以腐殖质及黑臭底泥为主，沿河上下约 3km，未见卵石或其他石块。东江流域丰水期主要环境要素调查一览表见表 6-5。

表 6-5　　　　　东江流域丰水期主要环境要素调查一览表

序号	样点编号	断面位置	纬度 N	经度 E	水温/℃	水深/m	透明度/cm	流速/(m/s)	采集卵石数/个	采集底栖面积/m²	底质类型及特征
1	D1	寻乌县澄江镇新屋村附近	25°4′48″	115°40′33″	19.5	60	40	0.50	6	0.20	块石、卵石为主
2	D2	寻乌县吉潭镇陈屋坝老桥处	24°56′37″	115°43′55″	27.6	50	35	0.66	8	0.15	卵石、粗砂为主，黑藻等沉水植被

续表

序号	样点编号	断面位置	纬度 N	经度 E	水温/℃	水深/m	透明度/cm	流速/(m/s)	采集卵石数/个	采集底栖面积/m²	底质类型及特征
3	D3	定南县鹤子镇坳上村附近	24°57′32″	115°38′59″	30.5	50	见底	0.94	4	0.16	卵石为主，以及粗砂、细砂
4	D4	定南县天九镇九曲村古桥处	24°74′29″	115°16′76″	30.2	50	见底	0.53	3	0.12	块石、卵石为主
5	D5	寻乌县斗晏水电站坝下约2km处	24°38′43″	115°33′24″	28.3	45	30	0.44	4	0.15	块石、粗砂为主
6	D6	龙川县苏雷坝水电站下游	24°7′37″	115°15′4″	34.5	50	30	近静止水体	5	0.45	粗砂、泥质为主
7	D7	东源县黄田镇黄田中学渡口处	23°52′49″	114°58′33″	31.5	50	35	0.13	6	0.45	淤泥质为主，粗砂、细砂少
8	D8	河源市临江镇对面临江子环境监测站处	23°39′1″	114°40′19″	27.8	45	30	近静止水体	4	0.12	淤泥质为主，粗砂、细砂少，零星块石
9	D9	博罗县泰美镇夏青村处	23°19′23″	114°29′51″	30.2	60	40	0.35	4	0.45	粗砂、细砂、泥质为主，零星块石
10	D10	惠州市东江公园内	23°6′7″	114°24′32″	32.3	45	30	缓流水体	4	0.15	卵石、粗砂、泥质为主，零星块石
11	D11	博罗县博罗大桥上游500m处	23°9′25″	114°16′14″	32.6	50	40	0.05	3	0.90	粗砂、泥质为主，零星卵石、块石
12	D12	东莞桥头镇自来水厂、水质监测站附近	23°2′47″	114°7′36″	32.5	80	25	缓流水体	3	0.15	粗砂、泥质为主，零星卵石、块石
13	D13	东莞雍景花园旧桥处	22°53′60″	114°5′12″	32.6	60	30	0.02	未采集	0.15	厚厚的黑臭淤泥质，表层夹杂固体垃圾等物体
14	D14	东莞石洲大桥下游约3km处	23°6′47″	114°56′17″	30.0	80	30	涨潮	4	0.15	粗砂、泥质为主，零星卵石、块石
15	D15	增城市石滩镇	23°10′17″	113°47′59″	32.3	120	60	0.15	3	0.18	粗砂、泥质，块石护岸
16	D16	龙门县黄竹沥村	23°43′54″	114°11′14″	30.4	45	见底	0.46	4	0.10	块石、卵石为主
17	D17	新丰县福水村马头大桥	24°7′24″	114°20′19″	31.0	40	见底	0.35	5	0.15	卵石为主
18	D18	惠东宝华寺	23°1′40″	114°53′44″	29.5	50	20	近静止水体	3	0.24	卵石、粗砂、泥质为主；采砂严重，生境破坏尤甚
19	D枫树坝	枫树坝水库上游龙川县南龙村	24°26′30″	115°26′20″	34.3	60	见底	近静止水体	5	0.15	淤泥质为主，粗砂、细砂少

6.3 硅藻调查结果

　　欧洲、美国、澳大利亚、南非和巴西等从 20 世纪 70 年代开始至今，相继发展了十余种硅藻水质评价指数。常用指数包括硅藻生物指数（IBD）、硅藻营养化指数（TDI）、斯雷德切克指数（SLA）、特定污染敏感指数（IPS）、硅藻属指数（IDG）、戴斯指数（DESCY）和欧盟硅藻指数（CEE）。这 7 种硅藻评价指数在世界范围内被广泛采纳与应用。

　　在我国，利用硅藻进行河流水质评价的研究较少。对于源于欧洲的硅藻水质评价指数是否适用于我国河流水质监测工作尚无定论。本书将采用因子分析、聚类分析、箱型图分析等多种分析方法，分析 IBD、TDI、SLA、IPS、IDG、DESCY 及 CEE 这 7 种国际常用的硅藻指数在东江河流水质评价中的适用情况，以期为构建适合我国河流特征的硅藻水质评价指数、划分水质硅藻评价等级、合理解释河流水生态状况以及该技术的大面积推广与应用奠定理论与实践基础。

　　由于硅藻对河流富营养化、酸碱度、氮、含氯度、重金属污染等环境因子有灵敏反映，综合体现各种水环境因子所产生的生态效应，从而被认为是河流水环境可靠的生物指示种。目前，我国河流水质监测仍然限于物化监测，发展河流硅藻生物监测与评价技术对于我国水资源管理、水生态保护与恢复具有重要的借鉴意义。但是不论硅藻指数，或者硅藻群落变异在时间和空间上还与海拔、地质、人类干扰等环境条件密切相关，使用附生硅藻评价河流生态质量也就具有一定的局限性，需要澄清人类干扰和自然因素对河流附生硅藻群落特征影响的特点。

　　数量分类和排序是研究硅藻群落与环境生态关系的常用手段。通过多元统计方法量化硅藻群落对环境参数的响应，可以探讨硅藻群落在一定环境梯度上的间断性和连续性特征，揭示硅藻群落结构的主要影响因素，区分人类干扰和自然因素对硅藻群落影响的大小。

　　目前国内外对于硅藻群落分类和排序常用的方法有：主成分分析（PCA，Principal Component Analysis）、双向指示种分析（TWINSPAN，Two Way Indicator Species Analysis）、对应分析（CA，Correspondence Analysis）、除趋势对应分析（DCA，Detrended Correspondence Analysis）、典范对应分析（CCA，Canonical Correspondence Analysis）和偏典范对应分析（偏 CCA，Partial Canonical Correspondence Analysis）。

　　附生硅藻相对丰度表示某种类壳体个数占样点中所有检定壳体总数的百分比，通过以下公式计算：

$$相对丰度 = \frac{一个样点某种硅藻的壳体个数}{该样点硅藻的壳体总数} \times 100\% \tag{6-4}$$

数据处理与转化。

　　由于环境指标存在不一致的量纲和数量级，为了减小分析误差，对所有环境因子数据进行均值为 0、方差为 1 的标准化处理。为了使种群数据集中，减小杂乱信息干扰，得到更明显的变化趋势，剔除相对丰度小于 5% 的种类，物种数据进行 $\lg(x+1)$ 的对数转化。

分类和排序如下。

（1）PCA 分析样方-环境变量矩阵，检测环境变量间的主要梯度，研究东江水系环境特征。

（2）DCA 检验样方-硅藻相对丰度矩阵，获得硅藻物种的单峰响应值，即 DCA 前两轴的梯度长度 SD，若 SD 最大值大于 2，即认为单峰响应模型 CA 是研究附生硅藻群落特征的合适模型，同时单峰响应模型 CCA 是研究硅藻群落与环境变量变化关系的合适模型。

（3）应用间接梯度排序 CA 和 TWINSPAN 分类分析硅藻群落。输入样方-硅藻相对丰度矩阵，进行 CA 分析，即可以作出 CA 样点和硅藻属种的排序图。在 TWINSPAN 分析中，假种划分水平设定为（0，2，5，10，20），以原始结果中数字"0"和"1"划分硅藻种群类别，划分类别以树状图表示。

（4）利用 CCA 分析研究硅藻群落与环境因子的对应关系。为了去除共线性的多余环境变量，首先输入样方-环境变量和样方-硅藻相对丰度两矩阵，运行一次 CCA，将方差膨胀因子（VIF）＞20 的环境变量去掉。剩下的环境因子再进行一次 CCA，得到各个环境参数对于 CCA 前两轴梯度变化的贡献度，做出物种与环境因子的双序图。

（5）采用偏 CCA，分别以水质因素和地理因素为协变量，确定地理因素和水质因素对于硅藻群落变异方差的贡献率。

（6）以上分析过程在生态统计软件 Canoco 4.5 和 PC-ORD 5.0 中完成。

6.3.1　种类组成

6.3.1.1　枯水期

从种类数目、相对丰度和频度分析东江流域附生硅藻群落结构组成。

东江流域共鉴定出 98 种硅藻，含亚种和变种，2 纲 6 目 8 科 30 属。羽纹纲在东江附生硅藻群落中占优势。在全部硅藻种类中，中心纲种类只占 8 种，主要为 *Aulacoseira*（沟链藻属）和 *Cyclotella*（小环藻属）；而羽纹纲有 90 种，占全部种类的 92%。羽纹纲中所有目均有发现，单壳缝目、双壳缝目和管壳缝目的种类优势明显，其中双壳缝目种类超过总数一半。

在属水平方面，*Navicula*（舟形藻属）种类为优势种群，共有 15 种，占硅藻种类总数的 15.3%；依次为 *Nitzschia*（菱形藻属）14 种，占 14.3%；*Achnanthes*（曲壳藻属）12 种，占 12.2%；*Gomphonema*（异极藻属）6 种，占 6.1%；*Fragilaria*（脆杆藻属）、*Cymbella*（桥弯藻属）和 *Pinnularia*（羽纹藻属）各 4 种，各占 4.1%；*Aulacoseira*（沟链藻属）*Luticola* 和 *Cyclotella*（小环藻属）各 3 种，各占 3.1%；而所占比例小于 3% 的属包括：*Amphora*（双眉藻属）、*Craticula*、*Diadesmis*、*Encyonema*、*Eolimna*、*Frustulia*（肋缝藻属）、*Gyrosigma*（布纹藻属）、*Reimeria*、*Sellaphora*、*Surirella*（双菱藻属）、*Melosira*（直链藻属）、*Thalassiosira*（海链藻属）、*Achnanthidium*、*Cocconeis*（卵形藻属）、*Planothidium*、*Eunotia*（短缝藻属）、*Diploneis*（双壁藻属）、*Mayamaea*、*Stauroneis*（辐节藻属）、*Bacillaria*。以上各属共占硅藻种类总数的

30.6％。其中 *Melosira*、*Thalassiosira*、*Achnanthidium*、*Cocconeis*、*Planothidium*、*Eunotia*、*Diploneis*、*Mayamaea*、*Stauroneis*、*Bacillaria* 等属只检出一个种。调查水域各监测断面附生硅藻生物多样性见图 6-14。

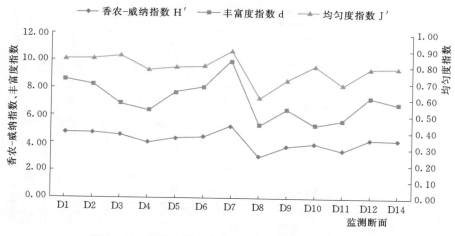

图 6-14　调查水域各监测断面附生硅藻生物多样性

在硅藻群落中，*Achnanthes*、*Gomphonema*、*Nitzschia*、*Navicula* 和 *Eolimna* 为优势硅藻属，其在 27 个采样点的相对丰富度大部分都高于 50％，只有个别采样点（样点 5、样点 11、样点 15）优势度不明显，见图 6-15。30 个硅藻种相对丰度大于 1％，大于 5％ 的有：*Nitzschia palea*，9.2％；*Gomphonema minutum*，7.6％；*G. parvulum*，6.8％；*Achnanthes catenata*，6.4％；*Eolimna minima*，6.2％。东江附生硅藻名录及相对丰度见附表 3。

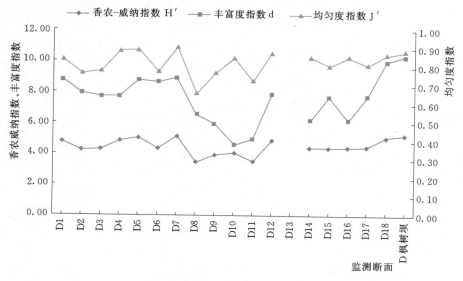

图 6-15　调查水域各监测断面附生硅藻生物多样性

硅藻群落中出现频率高于 50% 的属有：*Nitzschia*，100%；*Gomphonema*，92.6%；*Achnanthes*，88.9%；*Navicula*，85.2%；*Cyclotella*，70.4%；*Sellaphora*，59.3%；*Pinnularia*，55.6%；*Eunotia*，51.9%；*Luticola*，51.9%。出现频率高于 50% 的种有：*Nitzschia palea*，88.9%；*Gomphonema parvulum*，81.5%；*Navicula cryptotenella*，66.7%；*Achnanthidium minutissimum*，63.0%；*Navicula cryptocephala*，63.0%；*N. viridula var. rostellata*，59.3%；*Achnanthes catenata*，55.6%；*Pinnularia subcapitata*，55.6%；*Sellaphora pupula*，55.6%；*Eunotia minor*，51.9%；*Luticola mutica*，51.9%。

根据镜检，调查水域共检出附生硅藻 34 属 95 种（含属内未定种），其中异极藻属种类最多，达 13 种；其次是舟形藻属、曲壳藻属，均为 7 种；第三多是菱形藻属和短缝藻属，均为 6 种；第四多是羽纹藻属，5 种；其余各属种类在 1～4 种之间。枯水期各调查断面附生硅藻属级种类见表 6-6。

表 6-6　　　　　　　　　　枯水期各调查断面附生硅藻属级种类

序号	属	D1	D2	D3	D4	D5	D6	D7	D8	D9	D10	D11	D12	D14	小计
1	小环藻属	1	1	1	1	1	1	1	1	1	1	1	1	1	1
2	冠盘藻属	1	1	1	1	1	1	1	1	1	1	1	1	1	1
3	直链藻属	1	1	1	1	1	1	1	1	1	1	1	1	1	1
4	沟链藻属	0	0	0	0	0	0	0	1	0	0	0	0	0	1
5	水生藻属	0	0	0	0	0	0	0	0	0	0	0	0	1	1
6	针杆藻属	2	3	2	3	2	3	2	3	2	3	1	2	3	
7	脆杆藻属	3	3	3	3	3	3	3	3	2	3	3	2	4	
8	平格藻属	0	0	0	0	0	1	0	0	0	1	0	0	0	1
9	短缝藻属	0	3	1	1	2	2	3	0	0	0	1	1	0	6
10	平丝藻属	1	1	1	1	1	1	1	0	0	0	0	1	1	1
11	泥生藻属	2	3	3	2	3	2	3	2	2	2	3	2	3	
12	舟形藻属	2	4	5	5	6	4	3	4	4	4	3	4	4	7
13	曲壳藻属	3	3	3	2	3	5	3	0	3	0	3	3	3	7
14	卵形藻属	2	1	1	1	1	0	1	1	1	0	1	0	0	2
15	曲丝藻属	0	0	0	0	0	1	0	0	0	0	0	0	0	1
16	等带藻属	1	1	1	1	1	1	1	0	1	1	1	1	1	1
17	双肋藻属	0	0	0	0	0	0	0	0	0	0	0	0	1	1
18	双壁藻属	0	0	0	0	0	0	0	0	0	0	0	0	1	1
19	美壁藻属	1	0	0	0	0	0	0	0	0	0	0	1	1	2
20	布纹藻属	3	0	1	3	1	2	3	0	2	0	0	1	1	3
21	肋缝藻属	2	4	1	1	3	2	3	2	2	1	3	3	3	4
22	弯楔藻属	1	1	1	1	1	0	1	0	1	0	0	1	0	1
23	棒杆藻属	0	1	0	0	0	0	0	0	0	0	0	0	0	1

序号	属	D1	D2	D3	D4	D5	D6	D7	D8	D9	D10	D11	D12	D14	小计
24	菱板藻属	0	0	1	0	0	1	1	1	1	0	1	1	1	1
25	菱形藻属	3	3	2	3	1	3	3	4	2	3	2	5	5	6
26	异极藻属	9	7	5	4	6	6	7	3	4	5	1	4	5	13
27	桥弯藻属	2	1	3	3	4	4	3	3	3	3	2	3	2	4
28	内丝藻属	2	2	2	0	1	1	1	0	0	0	0	0	0	2
29	羽纹藻属	1	2	1	0	2	1	4	0	2	3	1	2	1	5
30	鞍形藻属	1	0	0	0	0	0	0	0	0	0	0	0	0	1
31	双眉藻属	0	0	0	0	0	1	0	0	0	0	1	1	0	1
32	辐节藻属	1	0	0	0	0	0	0	0	0	0	0	0	0	2
33	盘杆藻属	1	1	0	0	0	0	0	0	1	0	0	0	1	1
34	双菱藻属	4	1	0	0	0	0	0	3	1	0	0	0	0	4
	合　　计	50	48	40	37	45	47	58	31	38	31	33	43	40	95

6.3.1.2　丰水期

根据镜检，调查水域共检出附生硅藻 37 属 100 种（含属内未知种），其中菱形藻属种类最多，达 10 种；其次是异极藻属，9 种；第三多是舟形藻属，7 种；第四多是曲壳藻属，6 种；第五多是肋缝藻属、羽纹藻属和双菱藻属，均为 5 种；其余各属种类在 1～4 种之间。丰水期各调查断面附生硅藻属级种类见表 6-7。

表 6-7　　　　　　　　　　丰水期各调查断面附生硅藻属级种类

序号	属	D1	D2	D3	D4	D5	D6	D7	D8	D9	D10	D11	D12	D13	D14	D15	D16	D17	D18	D枫树坝	小计
1	小环藻属	1	1	1	1	1	1	1	1	1	1	1	1	0	1	1	1	1	1	2	2
2	冠盘藻属	1	1	1	1	1	1	1	1	1	1	0	0	0	1	1	1	1	1	1	1
3	直链藻属	1	1	1	1	1	1	1	1	1	1	0	1	1	1	1	1	1	1	1	1
4	沟链藻属	0	0	0	1	1	1	2	0	0	0	0	0	0	0	1	0	0	0	0	2
5	水生藻属	0	0	1	0	0	0	0	0	0	0	0	0	0	0	1	0	0	0	0	1
6	针杆藻属	1	3	3	2	2	3	2	1	1	1	1	0	1	2	2	1	2	2	3	3
7	脆杆藻属	1	2	3	3	3	3	2	2	2	1	2	0	3	3	3	2	3	2	2	4
8	平格藻属	1	1	1	1	1	1	1	1	1	1	0	0	1	1	1	1	1	1	1	1
9	短缝藻属	1	2	1	2	2	2	3	0	0	2	2	0	0	0	2	2	3	4	3	4
10	平丝藻属	1	1	1	1	1	1	1	0	1	1	0	1	0	1	1	1	1	0	1	1
11	泥生藻属	2	2	2	3	3	3	2	2	2	2	2	0	2	2	3	2	2	3	2	3
12	舟形藻属	4	4	5	4	3	4	4	3	3	1	5	0	4	4	4	5	4	3	5	7
13	曲壳藻属	3	1	2	1	3	3	3	2	1	3	2	0	2	3	1	1	3	1	1	6
14	卵形藻属	1	0	1	0	1	1	1	1	0	1	1	0	1	1	0	1	1	0	1	1

续表

序号	属	D1	D2	D3	D4	D5	D6	D7	D8	D9	D10	D11	D12	D13	D14	D15	D16	D17	D18	D枫树坝	小计
15	曲丝藻属	0	0	1	1	1	1	0	0	0	0	0	1	0	0	0	0	0	0	0	2
16	等带藻属	1	0	0	0	0	0	1	0	1	0	1	0	0	0	0	1	0	0	1	1
17	双肋藻属	1	1	0	1	0	1	1	0	0	0	0	1	0	1	1	1	1	1	1	1
18	双壁藻属	0	1	0	0	0	0	0	0	0	1	0	1	0	0	0	0	0	0	1	1
19	美壁藻属	0	1	0	0	0	1	0	1	0	0	0	1	0	1	0	1	1	1	1	2
20	布纹藻属	4	2	1	1	1	2	2	1	1	0	1	1	1	2	1	1	2	3	4	4
21	肋缝藻属	4	5	2	5	3	5	3	2	2	3	2	1	0	3	2	3	2	3	3	5
22	弯楔藻属	0	0	0	2	2	2	1	1	1	1	1	1	0	1	0	0	0	0	1	2
23	菱板藻属	0	0	0	0	1	0	0	0	0	0	0	0	0	0	0	0	0	0	0	1
24	菱形藻属	4	2	4	3	5	5	6	3	4	3	6	7	0	5	3	5	4	7	4	10
25	异极藻属	5	5	5	6	5	5	5	4	4	5	2	7	0	6	5	5	4	6	7	9
26	桥弯藻属	3	4	4	3	4	3	3	3	3	3	3	3	0	3	4	3	4	4	4	4
27	内丝藻属	2	1	2	1	1	1	1	1	1	1	1	1	0	1	1	1	1	2	2	2
28	羽纹藻属	1	1	3	1	2	1	1	0	0	1	1	1	0	1	2	1	1	4	5	5
29	鞍形藻属	0	0	0	0	0	0	0	0	0	0	0	0	0	0	0	0	0	0	1	1
30	双眉藻属	0	0	0	0	0	0	0	0	0	0	0	0	0	0	0	0	0	0	1	1
31	辐节藻属	2	0	0	0	0	0	0	0	0	0	0	0	0	0	0	0	0	0	0	2
32	盘杆藻属	1	1	0	0	0	0	0	0	0	0	0	0	0	0	0	0	1	0	0	1
33	双菱藻属	3	2	2	2	1	1	3	2	1	0	1	0	0	0	2	2	5	4	5	5
34	圆筛藻属	0	1	0	0	0	0	0	0	0	0	0	0	0	0	0	0	0	0	0	1
35	波缘藻书	0	0	0	0	1	0	1	0	0	0	0	0	0	0	0	0	0	0	0	1
36	棍形藻属	0	0	0	0	0	0	0	0	0	0	0	0	0	0	0	0	0	0	1	1
37	卡帕克藻	0	0	0	0	0	0	0	0	0	0	0	0	0	0	0	0	0	1	1	1
合计		51	46	45	45	51	50	52	38	35	27	29	46	0	36	45	45	41	58	60	100

东江水系 27 个采样点检出的附生硅藻种数范围为 11～33 种。其中，样点 17 的硅藻种类数最高，达 33 种；样点 5、样点 9、样点 14、样点 22 的硅藻物种也较丰富；而样点 19、样点 18 和样点 16 的硅藻种数较少，最低数目出现在样点 16，只有 11 种。

在空间分布上，浰江（样点 5），秋香江（样点 8 和样点 9），新丰江（样点 14），增江中上游（样点 11、样点 12、样点 13），西枝江（样点 17）等支流河段的硅藻物种较丰富。而在受人类活动干扰比较大的区域，如公庄河（样点 16），淡水河（样点 18），石马河（样点 19）、潼湖（样点 20）和沙河（样点 21）等河流中附生硅藻种群结构单一，种类数较少。采样点间的附生硅藻种数存在差异，有明显的空间分布特征。

6.3.2 密度及优势种群

附生硅藻样品经稀盐酸、H_2O_2、离心等处理后，其密度会产生一定量的损失，调查针对其密度仅作半定量分析。

优势种是指在群落中具有最大密度和生物量的物种。亚优势种是群落中次于优势种但优势度较高的物种。优势种和亚优势种构成群落的优势类群，对整个群落结构的形成起主要作用。东江流域各采样点硅藻优势种和亚优势种见表6-8。

由表6-8可知：不同的采样点，附生硅藻优势类群存在差异。采样点1、采样点3、采样点7、采样点17和采样点21，其优势类群主要为 *Achnanthes* 和 *Eunotia* 属的种类，包括 *Achnanthes catenata*、*A. imperfecta*、*A. helvetica*、*Eunotia minor* 等；采样点2、采样点4、采样点5、采样点6、采样点8、采样点11、采样点12、采样点13、采样点14、采样点22和采样点27，其优势类群主要由 *Gomphonema* 和 *Navicula* 属的种类组成，包括 *Navicula cryptotenella*、*Gomphonema parvulum*、*G. clevei*、*G. minutum*、*G. productum* 等；采样点9、采样点10、采样点15、采样点16、采样点18、采样点19、采样点20、采样点23、采样点24、采样点25和采样点26，其优势类群主要以 *Nitzschia*、*Eolimna* 和 *Pinnularia* 属为主，有 *Nitzschia palea*、*N. inconspicua*、*Eolimna minima*、*E. subminuscula*、*Pinnularia subcapitata* 等种类。

表6-8　东江流域各采样点硅藻优势种和亚优势种

采样点	优　势　种	亚　优　势　种
1	*Achnanthes catenata*	*A. imperfecta*
2	*Gomphonema parvulum*	*Frustulia saxonica*
3	*Achnanthes catenata*	*Eunotia minor*
4	*Gomphonema parvulum*	*G. clevei*，*Cocconeis placentula var. euglypta*，*Navicula cryptotenella*
5	*Cymbella turgidula*	*Navicula cryptotenella*
6	*Navicula cryptotenella*	*Gomphonema parvulum*
7	*Achnanthes helvetica*	*Eunotia minor*
8	*Gomphonema minutum*	*G. parvulum*
9	*Nitzschia palea*	*Navicula capitatoradiata*
10	*Nitzschia palea*	*Sellaphora pupula*，*Navicula viridula var. rostellata*
11	*Luticola mutica*	*Gomphonema minutum*
12	*Gomphonema minutum*	*Achnanthidium minutissimum*
13	*Gomphonema minutum*	*G. parvulum*
14	*Diadesmis confervacea*	*Gomphonema minutum*
15	*Cocconeis placentula var. euglypta*	*Eolimna subminuscula*
16	*Eolimna minima*	*Nitzschia palea*
17	*Achnanthes catenata*	*Diadesmis contenta*
18	*Eolimna subminuscula*	*Achnanthes exilis*，*E. minima*，*Pinnularia subcapitata*
19	*Nitzschia palea*	*Pinnularia subcapitata*
20	*Eolimna subminuscula*	*Nitzschia palea*

续表

采样点	优 势 种	亚 优 势 种
21	*Achnanthes catenata*	*Aulacoseira granulata*
22	*Gomphonema minutum*	*Eolimna minima*
23	*Nitzschia palea*	*Amphora montana*
24	*Eolimna minima*	*Gomphonema minutum*
25	*Achnanthes amoena*	*Pinnularia subcapitata*
26	*Nitzschia inconspicua*	*Amphora montana*
27	*Gomphonema productum*	*Navicula cryptotenella*

6.3.2.1　枯水期

针对调查结果分析显示，枯水期，东江流域各调查断面的附生硅藻属级种类密度为 $171\sim669$ind./cm^2，其中 D10 断面最高，为 669ind./cm^2；其次是 D14 断面，为 558ind./cm^2；以 D5 断面为最低。从属级种类构成来看，小环藻属、直链藻属、冠盘藻属、脆杆藻属、针杆藻属、舟形藻属、泥生藻属、曲壳藻属、菱形藻属、异极藻属、桥弯藻属、羽纹藻属等种类密度较高，占据了明显的优势地位，其种类密度百分比也较高。枯水期各调查断面附生硅藻属级种类密度见表 6-9，枯水期各调查断面附生硅藻属级种类密度占比见表 6-10。

表 6-9　　　　　　　　枯水期各调查断面附生硅藻属级种类密度　　　　　　单位：ind./cm^2

序号	属	D1	D2	D3	D4	D5	D6	D7	D8	D9	D10	D11	D12	D14
1	小环藻属	18	8	12	29	8	64	16	25	15	33	12	2	9
2	冠盘藻属	11	4	7	14	2	24	11	13	6	22	7	5	2
3	直链藻属	31	4	23	53	19	71	43	223	106	172	11	25	15
4	沟链藻属	0	0	0	0	0	0	4	0	0	0	0	0	0
5	水生藻属	0	0	0	0	0	0	0	0	0	0	0	1	0
6	针杆藻属	8	10	7	9	12	47	11	25	3	40	4	1	11
7	脆杆藻属	38	59	93	47	61	51	47	36	55	31	66	65	97
8	平格藻属	0	0	0	0	0	4	0	0	0	2	0	0	0
9	短缝藻属	0	15	4	1	2	6	8	0	0	1	2	0	0
10	平丝藻属	1	6	12	1	1	0	1	0	0	0	0	1	2
11	泥生藻属	4	13	60	10	6	17	14	13	17	13	170	91	121
12	舟形藻属	21	47	95	24	17	28	23	21	35	33	34	40	84
13	曲壳藻属	21	20	33	5	7	17	7	0	7	0	5	6	17
14	卵形藻属	14	6	21	1	3	0	4	1	3	0	3	0	0
15	曲丝藻属	0	0	0	0	0	3	0	0	0	0	1	1	2
16	等带藻属	4	6	4	2	1	3	4	0	14	11	52	11	9
17	双肋藻属	0	0	0	0	0	1	12	0	0	0	0	0	0

序号	属	D1	D2	D3	D4	D5	D6	D7	D8	D9	D10	D11	D12	D14
18	双壁藻属	0	0	0	0	0	0	1	0	0	0	0	0	0
19	美壁藻属	3	0	0	0	0	0	4	0	0	0	0	1	7
20	布纹藻属	7	0	2	3	1	4	21	0	2	0	0	1	2
21	肋缝藻属	13	10	4	1	3	3	8	11	3	2	8	22	22
22	弯楔藻属	6	3	5	1	1	0	4	0	1	0	0	1	0
23	棒杆藻属	0	1	0	0	0	0	0	0	0	0	0	0	0
24	菱板藻属	0	0	2	0	0	3	5	1	3	0	10	6	6
25	菱形藻属	13	8	11	8	1	6	34	8	7	60	8	49	78
26	异极藻属	157	132	109	9	19	38	60	26	21	178	7	17	26
27	桥弯藻属	11	3	14	10	6	27	27	10	13	62	5	16	30
28	内丝藻属	20	15	9	0	1	1	1	0	0	0	0	0	0
29	羽纹藻属	4	10	2	0	2	1	22	0	3	7	3	4	15
30	鞍形藻属	1	0	0	0	0	0	0	0	0	0	0	0	0
31	双眉藻属	0	0	0	0	1	0	3	0	1	0	1	2	0
32	辐节藻属	1	0	0	0	0	0	4	0	0	0	1	0	0
33	盘杆藻属	4	1	0	0	0	0	0	1	0	0	0	0	4
34	双菱藻属	7	1	0	0	0	0	8	3	1	0	0	0	0
	合计	418	384	527	226	171	426	412	418	319	669	411	374	558

表 6 - 10　　　　枯水期各调查断面附生硅藻属级种类密度占比　　　　%

序号	属	D1	D2	D3	D4	D5	D6	D7	D8	D9	D10	D11	D12	D14
1	小环藻属	4.3	2.0	2.3	12.7	4.7	15.0	4.0	6.0	4.7	5.0	3.0	0.7	1.7
2	冠盘藻属	2.7	1.0	1.3	6.0	1.3	5.7	2.7	3.0	2.0	3.3	1.7	1.3	0.3
3	直链藻属	7.3	1.0	4.3	23.3	11.3	16.7	10.3	53.3	33.3	25.7	2.7	6.7	2.7
4	沟链藻属	0	0	0	0	0	0	1.0	0	0	0	0	0	0
5	水生藻属	0	0	0	0	0	0	0	0	0	0	0	0.3	0
6	针杆藻属	2.0	2.7	1.3	4.0	7.0	11.0	2.7	6.0	1.0	6.0	1.0	0.3	2.0
7	脆杆藻属	9.0	15.3	17.7	21.0	35.3	12.0	11.3	8.7	17.3	4.7	16.0	17.3	17.3
8	平格藻属	0	0	0	0	0	1.0	0	0	0.3	0	0	0	0
9	短缝藻属	0	4.0	0.7	0.3	1.0	1.3	2.0	0	0	0	0.3	0.7	0
10	平丝藻属	0.3	1.7	2.3	0.3	0.3	1.3	0.7	0	0	0	0	0.3	0.3
11	泥生藻属	1.0	3.3	11.3	4.3	3.7	4.0	3.3	3.0	5.3	2.0	41.3	24.3	21.7
12	舟形藻属	5.0	12.3	18.0	10.7	10	6.7	5.7	5.0	11.3	5.0	8.3	10.7	15.0
13	曲壳藻属	5.0	5.3	6.3	2.3	4.0	4.0	1.7	0	2.3	0	1.3	1.7	3.0
14	卵形藻属	3.3	1.7	4.0	0.3	1.7	0	1.0	0.3	1.0	0	0.7	0	0
15	曲丝藻属	0	0	0	0	0	0.7	0	0	0	0	0.3	0.3	0.3

续表

序号	属	D1	D2	D3	D4	D5	D6	D7	D8	D9	D10	D11	D12	D14
16	等带藻属	1.0	1.7	0.7	1.0	0.7	0.7	1.0	0	4.3	1.7	12.7	3.0	1.7
17	双肋藻属	0	0	0	0	0	0.3	3.0	0	0	0	0	0	0
18	双壁藻属	0	0	0	0	0	0	0.3	0	0	0	0	0	0
19	美壁藻属	0.7	0	0	0	0	0	1.0	0	0	0	0	0.3	1.3
20	布纹藻属	1.7	0	0.3	1.3	0.3	1.0	5.0	0	0.7	0	0	0.3	0.3
21	肋缝藻属	3.0	2.7	0.7	0.3	1.7	0.7	2.0	2.7	1.0	0.3	2.0	6.0	4.0
22	弯楔藻属	1.3	0.7	1.0	0.3	0	0	1.0	0	0.3	0	0	0.3	0
23	棒杆藻属	0	0.3	0	0	0	0	0	0	0	0	0	0	0
24	菱板藻属	0	0	0.3	0	0	0.7	1.3	0.3	1.0	0	2.3	1.7	1.0
25	菱形藻属	3.0	2.0	2.0	3.3	0.3	1.3	8.3	2.0	2.3	9.0	2.0	13.0	14.0
26	异极藻属	37.7	34.3	20.7	4.0	11.0	9.0	14.7	6.3	6.7	26.7	1.7	4.7	4.7
27	桥弯藻属	2.7	0.7	2.7	4.3	3.7	6.3	6.7	2.3	4.0	9.3	1.3	4.3	5.3
28	内丝藻属	4.7	4.0	1.7	0	0.3	0.3	0.3	0	0	0	0	0	0
29	羽纹藻属	1.0	2.7	0	0	0	0	5.3	0	1.0	1.0	0.7	1.0	2.7
30	鞍形藻属	0.3	0	0	0	0	0	0	0	0	0	0	0	0
31	双眉藻属	0	0	0	0	0.3	0	0.7	0	0.3	0	0.3	0.7	0
32	辐节藻属	0.3	0	0	0	0	0	1.0	0	0	0	0	0	0
33	盘杆藻属	1.0	0.3	0	0	0	0	0	0.3	0	0	0	0	0.7
34	双菱藻属	1.7	0.3	0	0	0	0	2.0	0.7	0.3	0	0	0	0
	合计	100	100	100	100	100	100	100	100	100	100	100	100	100

6.3.2.2　丰水期

　　针对调查结果分析显示，丰水期，东江流域各调查断面的附生硅藻属级种类密度为207～1094ind./cm²（D13 断面未采集到附生硅藻样品），其中 D16 断面最高，为1094ind./cm²；其次是 D8 断面，为 978ind./cm²；以 D4 断面为最低。从属级种类构成来看，异极藻属、小环藻属、直链藻属、脆杆藻属、针杆藻属、舟形藻属、泥生藻属、冠盘藻属、曲壳藻属、菱形藻属、桥弯藻属、双菱藻属、羽纹藻属等种类密度较高，占据了明显的优势地位，其种类密度百分比也较高。丰水期各调查断面附生硅藻属级种类密度见表6-11，丰水期各调查断面附生硅藻属级种类密度占比见表 6-12。

表 6-11　　　　　丰水期各调查断面附生硅藻属级种类密度　　　　　单位：ind./cm²

序号	属	D1	D2	D3	D4	D5	D6	D7	D8	D9	D10	D11	D12	D13	D14	D15	D16	D17	D18	D枫树坝
1	小环藻属	28	37	15	6	30	43	22	104	39	25	8	15	0	9	20	7	31	18	19
2	冠盘藻属	8	8	8	2	5	15	10	26	21	20	4	0	0	7	7	6	13	6	
3	直链藻属	45	147	139	8	49	92	33	421	191	97	12	0	0	7	29	36	50	44	112
4	沟链藻属	0	0	0	0	18	2	12	0	0	0	0	0	0	2	0	0	0	0	31
5	水生藻属	0	0	2	0	0	0	0	0	0	0	0	0	0	2	0	0	0	0	0

续表

序号	属	D1	D2	D3	D4	D5	D6	D7	D8	D9	D10	D11	D12	D13	D14	D15	D16	D17	D18	D枫树坝
6	针杆藻属	3	22	31	9	18	50	8	33	4	9	2	6	0	7	64	47	47	51	43
7	脆杆藻属	7	36	73	24	90	9	71	52	88	51	92	37	0	101	59	109	18	64	40
8	平格藻属	3	2	8	0	12	12	6	10	4	15	0	0	0	0	3	7	6	4	6
9	短缝藻属	7	5	2	6	12	6	8	10	0	0	4	3	0	0	0	22	1	7	50
10	平丝藻属	1	5	2	1	4	1	10	3	0	0	0	9	0	5	0	26	0	2	0
11	泥生藻属	10	8	36	3	11	9	6	13	19	24	239	25	0	22	61	15	8	4	3
12	舟形藻属	24	28	59	17	49	24	47	59	49	13	33	52	0	32	44	88	17	46	62
13	曲壳藻属	18	6	5	1	14	6	14	20	11	11	12	25	0	18	7	120	16	2	16
14	卵形藻属	8	0	2	0	7	2	12	7	0	0	4	3	0	5	3	0	1	9	6
15	曲丝藻属	0	0	3	6	2	1	0	0	0	0	0	2	0	0	0	0	0	0	0
16	等带藻属	1	0	0	0	0	0	4	0	34	0	94	0	0	0	2	0	0	0	0
17	双肋藻属	1	6	0	1	0	2	24	0	0	0	0	3	0	13	2	4	1	7	9
18	双壁藻属	0	3	0	0	0	0	0	0	0	0	0	0	0	0	0	0	0	2	6
19	美壁藻属	0	2	0	0	2	0	12	0	4	2	0	12	0	22	5	0	2	2	9
20	布纹藻属	31	5	2	1	5	2	24	3	2	0	2	2	0	2	5	7	2	4	16
21	肋缝藻属	45	56	10	32	21	6	31	7	17	4	0	8	0	0	12	36	4	22	22
22	弯楔藻属	0	0	0	2	7	2	6	10	2	4	2	3	0	4	0	0	0	0	12
23	棒杆藻属	0	0	0	0	0	0	0	0	0	0	0	0	0	0	0	0	0	0	0
24	菱板藻属	0	0	2	1	2	0	0	0	4	0	0	0	0	0	0	0	0	0	3
25	菱形藻属	20	6	17	19	53	13	75	49	66	93	51	46	0	171	12	80	5	29	25
26	异极藻属	91	29	54	46	79	33	102	98	69	138	12	168	0	94	44	248	23	89	171
27	桥弯藻属	14	20	27	10	19	31	39	26	11	38	12	15	0	11	106	186	21	82	50
28	内丝藻属	3	2	7	1	4	1	14	13	4	4	6	6	0	0	3	36	2	4	47
29	羽纹藻属	4	11	3	2	12	1	6	0	0	0	0	0	0	2	5	4	1	27	59
30	鞍形藻属	0	0	0	0	0	0	0	0	0	0	0	0	0	0	0	0	0	2	0
31	双眉藻属	0	0	0	0	0	0	0	0	0	0	0	0	0	0	0	0	0	2	0
32	辐节藻属	3	0	0	0	0	0	0	0	0	0	0	0	0	0	0	0	0	0	0
33	盘杆藻属	1	8	0	0	0	0	0	0	0	0	0	0	0	0	0	0	0	4	0
34	双菱藻属	45	14	2	7	2	4	10	13	2	0	0	3	0	0	3	7	27	104	96
35	圆筛藻属	0	2	0	0	0	0	0	0	0	0	0	0	0	0	0	0	0	0	0
36	波缘藻属	0	0	0	0	2	0	2	0	0	0	0	0	0	0	0	0	0	0	0
37	棍形藻属	0	0	0	0	0	0	0	0	0	0	15	0	0	16	5	0	0	7	0
38	卡帕克藻属	0	0	0	0	0	0	0	0	0	0	0	0	0	0	0	0	0	11	6
	合计	425	463	508	207	528	366	612	978	643	546	587	462	0	541	504	1094	287	664	930

表 6－12　　　　　　　丰水期各调查断面附生硅藻属级种类密度占比　　　　　　　　　%

序号	属	D1	D2	D3	D4	D5	D6	D7	D8	D9	D10	D11	D12	D13	D14	D15	D16	D17	D18	D枫树坝
1	小环藻属	6.7	8.0	3.0	2.7	5.7	11.7	3.7	10.7	6.0	4.7	1.3	3.3	0	1.7	4.0	0.7	10.7	2.7	2.0
2	冠盘藻属	2.0	1.7	1.7	1.0	1.0	4.0	1.7	2.7	3.3	3.7	0.7		0		1.3	0.7	2.0	2.0	0.7
3	直链藻属	10.7	31.7	27.3	4.0	9.3	25.0	5.3	43.0	29.7	17.7	2.0	0	0	1.3	5.7	3.3	17.3	6.7	12.0
4	沟链藻属	0	0	0	0.7	3.3	0.7	2.0	0	0	0	0	0	0	0.3	0	0	0	0	3.3
5	水生藻属	0	0	0.3	0	0	0	0	0	0	0	0	0	0	0	0	0	0	0	0
6	针杆藻属	0.7	4.7	6.0	4.3	3.3	13.7	1.3	3.3	0.7	1.7	0.3	1.3	0	1.3	12.7	4.3	16.3	7.7	4.7
7	脆杆藻属	1.7	7.7	14.3	11.7	17.0	2.3	11.7	5.3	13.7	9.3	15.7	8.0	0	18.7	11.7	10.0	6.3	9.7	4.3
8	平格藻属	0.7	0.3	1.7	0	2.3	3.3	1.0	1.0	0.7	2.7	0	0	0	0.7	0.7	2.0	0.7		0.7
9	短缝藻属	1.7	1.0	0.3	2.7	2.3	1.0	1.3	1.0		0.7	0	0	0			2.0	0.3	1.3	5.3
10	平丝藻属	0.3	1.0	0.3	0.3	0.7	0.3	1.7				0	2.0	0	1.0		2.3		0.3	
11	泥生藻属	2.3	1.7	7.0	1.3	2.0	2.3	1.0		3.0	4.3	40.7	5.3	0	4.0	12.0	1.3	2.7	0.7	0.3
12	舟形藻属	5.7	6.0	11.7	8.0	9.3	6.7	7.7	6.0	7.7	2.3	5.7	11.3	0	6.0	8.7	8.0	6.0	7.0	6.7
13	曲壳藻属	4.3	1.3	1.0	0.7	2.7	1.7	2.0	2.0	1.7	2.0	2.0	5.3	0	3.3	1.3	11.0	5.7	0.3	1.7
14	卵形藻属	2.0	0	0.3	0	1.3	0.7	2.0	0.7		0.7	0.7		0	1.0	0.7		0.3	1.3	0.7
15	曲丝藻属	0	0	0.7	0.3		0.3				0									
16	等带藻属	0.3	0	0	0		0	0.7	0	5.3	0	16.0	0	0	0	0	0	0	0	
17	双肋藻属	0.3	1.3		0.3		0.7	4.0					0.7	0	2.3	0.3	0.3	0.3	1.0	1.0
18	双壁藻属	0	0.7	0		0		0		0					0					
19	美壁藻属	0	0.3	0		0.3	0	2.0		0.7	0.3	0	2.7	0	4.0	1.0	0	0.7	0.3	1.0
20	布纹藻属	7.3	1.0	0.3	0.7	1.0	0.7	4.0	0.3	0.3	0	0.7	0	0	0	1.0	0.7	0.7		1.7
21	肋缝藻属	10.7	12.0	2.0	15.7	4.0	1.7	5.0	0.7	2.7	0.7	0	1.7	0	0.7	2.3	3.3	1.3	3.3	2.3
22	弯楔藻属	0	0	0	1.0	1.3	0	1.0	0	0		0	1.0	0						1.3
23	棒杆藻属	0	0	0	0	0	0	0	0	0		0	0							
24	菱板藻属	0	0	0	0.7	0.3	0	0.3	0	0		0	0	0	0					0.3
25	菱形藻属	4.7	1.3	3.3	9.0	10.0	3.7	12.3	5.0	10.3	17.0	8.7	10.0	0	31.7	2.3	7.3	1.7	4.3	2.7
26	异极藻属	21.3	6.3	10.7	22.3	15.0	9.0	16.7	10.0	14.3	25.3		36.3	0	17.3	8.7	22.7	8.0	13.3	18.3
27	桥弯藻属	3.3	4.3	5.3	5.0	3.7	8.3	6.3	2.7	1.7	7.0	2.0	3.3	0	2.0	21.0	17.0	7.3	12.3	5.3
28	内丝藻属	0.7	0.3	0.7	0.7	0.3	0.7	2.3	1.3		0.7		1.3	0	0.7	3.3	0.7	0.7	0.7	5.0
29	羽纹藻属	1.0	2.3	0.7	1.0	2.3	0.3	1.0	0	0	0	0	0.7	0	0.3	1.0	0.3	0.3	4.0	6.3
30	鞍形藻属	0	0	0	0	0	0	0	0	0	0	0	0	0	0	0	0	0.3	0	
31	双眉藻属	0	0	0	0	0	0	0	0	0	0	0	0	0	0	0	0	0.3	0	
32	辐节藻属	0.7	0	0	0	0	0	0	0	0	0	0	0	0	0	0	0	0	0	
33	盘杆藻属	0.3	1.7	0	0	0	0	0	0	0	0	0	0	0	0	0	0	0.7	0	
34	双菱藻属	10.7	3.0	0.3	3.3	0.3	1.0	1.7	1.3	0.3	0	0	0.7	0	0	0.7	0.7	9.3	15.7	10.3

续表

序号	属	D1	D2	D3	D4	D5	D6	D7	D8	D9	D10	D11	D12	D13	D14	D15	D16	D17	D18	D枫树坝
35	圆筛藻属	0	0.3	0	0	0	0	0	0	0	0	0	0	0	0	0	0	0	0	0
36	波缘藻属	0	0	0	0	0.3	0	0.3	0	0	0	0	0	0	0	0	0	0	0	0
37	棍形藻属	0	0	0	0	0	0	0	0.3	0	0	0	3.3	0	3.0	1.0	0	0	1.0	0
38	卡帕克藻属	0	0	0	0	0	0	0	0	0	0	0	0	0	0	0	0	0	1.7	0.7
	合计	100	100	100	100	100	100	100	100	100	100	100	100		100	100	100	100	100	100

6.3.3 生物多样性

6.3.3.1 枯水期

生物多样分析表明，调查水域各监测断面的附生硅藻生物多样性指数处于较高水平，其中香农-威纳指数为 2.99～5.24，均值为 4.22；丰富度指数为 5.26～9.99，均值为 7.12；均匀度指数为 0.60～0.90，均值为 0.78。调查水域各监测断面附生硅藻生物多样性见表 6-13。总体来看，调查水域附生硅藻在生物多样性、物种丰富度和种类均匀度均处于较高水平；但从物种丰富度指数、香农-威纳指数来看，流域源头及支流、干流中上游略高于干流中下游江段。

表 6-13　　　　　　　　调查水域各监测断面附生硅藻生物多样性

编号	监测断面	香农-威纳指数 H′	丰富度指数 d	均匀度指数 J′
1	D1	4.75	8.59	0.84
2	D2	4.72	8.24	0.85
3	D3	4.60	6.84	0.86
4	D4	4.04	6.31	0.77
5	D5	4.36	7.71	0.79
6	D6	4.44	8.06	0.80
7	D7	5.24	9.99	0.90
8	D8	2.99	5.26	0.60
9	D9	3.76	6.49	0.72
10	D10	3.97	5.26	0.80
11	D11	3.45	5.61	0.68
12	D12	4.28	7.36	0.79
13	D14	4.20	6.84	0.79
	均值	4.22	7.12	0.78

6.3.3.2 丰水期

生物多样分析表明，调查水域各站位的附生硅藻生物多样性指数处于较高水平，其中香农-威纳指数为 3.44～5.21（D13 断面除外，下同），均值为 4.47；丰富度指数为 4.56～10.34，均值为 7.57；均匀度指数为 0.66～0.91，均值为 0.82。丰水期各监测断面附生硅藻生物多样性见表6-14。总体来看，调查水域附生硅藻在生物多样性、物种丰富度和种类均匀度方面均处于较高水平；但是从物种丰富度指数来看，流域源头及支流、干流中上游明显高于干流中下游江段。

表6-14　　　　　　　　　　丰水期各监测断面附生硅藻生物多样性

编号	监测断面	香农-威纳指数 H′	丰富度指数 d	均匀度指数 J′
1	D1	4.77	8.77	0.84
2	D2	4.22	7.89	0.76
3	D3	4.27	7.71	0.78
4	D4	4.86	7.71	0.88
5	D5	5.05	8.77	0.89
6	D6	4.34	8.59	0.77
7	D7	5.16	8.94	0.91
8	D8	3.44	6.49	0.66
9	D9	3.94	5.96	0.77
10	D10	4.05	4.56	0.85
11	D11	3.51	4.91	0.72
12	D12	4.85	7.89	0.88
13	D13	0	0	0
14	D14	4.43	6.14	0.86
15	D15	4.43	7.71	0.81
16	D16	4.43	6.14	0.86
17	D17	4.44	7.71	0.81
18	D18	5.07	9.99	0.87
19	D枫树坝	5.21	10.34	0.88
	均值	4.47	7.57	0.82

6.3.4　现状评估

参照《微型生物监测新技术》（沈蕴芬等）、《珠江水系东江流域底栖硅藻图集》（刘静等）、《东江水系底栖硅藻群落与生物监测》（刘静等）、《硅藻指数筛选及水质多指标评价体系构建》（黎佛林等）、《长江中下游地区湖泊富营养化的硅藻指示性属种》（董旭辉等）等专著及研究文献，确定附生硅藻污染评估及污染指示值，从而对附生硅藻进行现状评估。

如图6-16所示，D1、D2、D4、D6、D7、D8、D12断面，丰水期附生硅藻β-寡污、α-寡污的种类污染评估值明显高于枯水期，β-中污、α-中污的种类污染评估值明显低于枯水期；D5、D9断面，丰水期附生硅藻β-寡污、α-中污的种类污染评估值明显高于枯水期，α-寡污、β-中污的种类污染评估值明显低于枯水期；D10、D11断面，丰水期附生硅藻β-寡污的种类污染评估值明显高于枯水期，β-中污、α-中污、α-寡污的种类污染

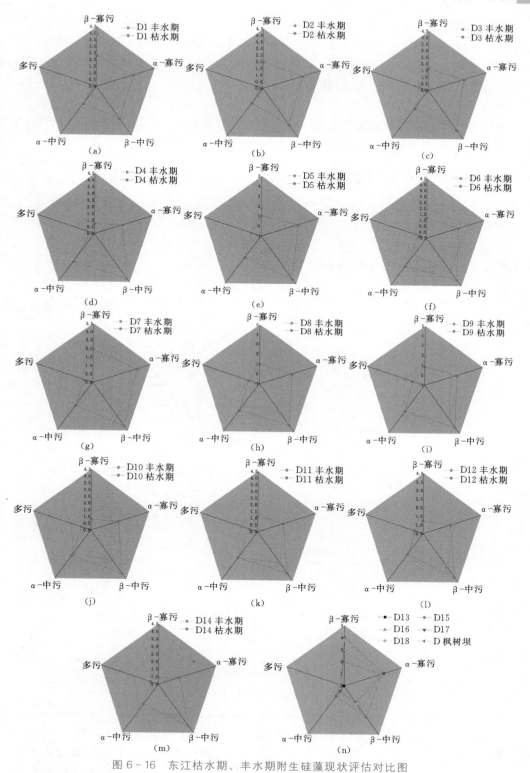

图6-16 东江枯水期、丰水期附生硅藻现状评估对比图

评估值明显低于枯水期；D14 断面，丰水期 β-中污、α-寡污的种类污染评估值明显低于枯水期，α-中污、多污的种类污染评估值明显高于枯水期。此外，针对丰水期调查的各断面而言，D15、D16、D17、D18、D 枫树坝指示 α-寡污的种类污染评估值基本相近，无明显差异；但是 D17、D18、D 枫树坝断面更接近于 β-寡污水平，而 D15、D16 断面更接近于 β-中污、α-中污水平。

总体来看，东江流域源头及支流、干流中上游污染水平相对较小，明显处于 α-寡污、β-寡污水平，而中下游断面则明显处于 β-中污、α-中污水平。

6.3.5   硅藻群落结构与水质的关系

本书引入两类环境因子作为影响因素分析硅藻群落结构，水质指标包括 pH 值、电导率、溶解氧、五日生化需氧量、高锰酸盐指数、总氮、氨氮、硝氮、亚硝氮、总磷、磷酸盐、硅酸盐和氯化物等 13 项参数。地理因素包括子流域面积、海拔、坡度、降雨、温度 5 项参数。东江流域采样点环境特征见表 6-15。

表 6-15　　　　　　　　　　　东江流域采样点环境特征（$n=27$）

	参　　数	最大值	最小值	平均值	标准偏差
水质指标	溶解氧（DO）/(mg/L)	8.90	0.40	7.14	2.31
	五日生化需氧量（BOD$_5$）/(mg/L)	30.40	0.16	3.71	6.14
	高锰酸盐指数（COD$_{Mn}$）/(mg/L)	8.10	0.80	2.18	1.72
	电导率（Cond.）/(μS/cm)	1051.00	32.20	196.36	229.50
	氨氮（NH$_4$-N）/(mg/L)	13.90	0.09	1.86	3.48
	pH 值（pH）	8.60	6.60	7.36	0.40
	亚硝氮（NO$_2$-N）/(mg/L)	0.42	0.001	0.07	0.11
	硅酸盐（SiO$_2$）/(mg/L)	20.30	9.50	15.38	3.28
	氯化物（Cl）/(mg/L)	261.00	0.90	20.51	51.56
	硝氮（NO$_3$-N）/(mg/L)	3.26	0.45	1.39	0.73
	磷酸盐（PO$_4$-P）/(mg/L)	0.50	0.01	0.07	0.10
	总氮（TN）/(mg/L)	17.80	0.86	3.75	4.36
	总磷（TP）/(mg/L)	0.75	0.02	0.09	0.14
地理因素	子流域面积/亿 m^2	84.70	0.81	34.25	32.82
	海拔/m	684.00	20.00	116.49	120.04
	坡度/(°)	20.12	0.04	9.34	6.47
	降雨/cm	160.00	129.00	146.96	7.91
	温度/℃	21.00	20.00	20.73	0.45

对 18 项环境参数进行主成分分析（图 6-17），前两项主成分共解释了 84.5% 的方差。PCA 第一轴，特征值为 0.462，解释了 46.2% 的环境变异，主要反映氯化物、亚硝氮、总磷、高锰酸盐指数、磷酸盐、五日生化需氧量、溶解氧等参数的变化影响；PCA

第二轴，特征值为 0.383，解释了 38.3% 的变异，体现流域面积、坡度、海拔、温度等因子的变化情况。因此，PCA 确定两个主要的环境梯度，第一轴为理化水质梯度，第二轴体现地理因素的变化梯度。第一轴对于环境变异的贡献大于第二轴。

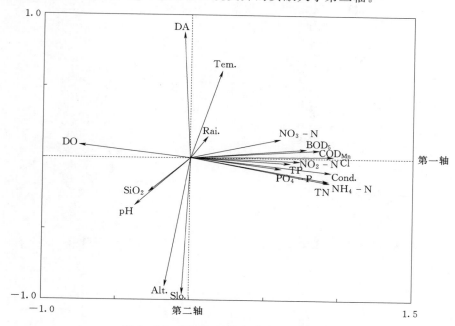

图 6-17　环境变量的主成分分析排序图

（DO—溶解氧；BOD₅—五日生化需氧量；CODₘₙ—高锰酸盐指数；Cond.—电导率；NH₄-N—氨氮；
pH—pH 值；NO₂-N—亚硝氮；SiO₂—硅酸盐；Cl—氯化物；NO₃-N—硝氮；PO₄-P—磷酸盐；
TN—总氮；TP—总磷；DA—子流域面积；Alt.—海拔；Slo.—坡度；Rai.—降雨；Tem.—温度）

对硅藻群落进行 DCA 分析，前两轴中梯度长度最大值为 2.478＞2，确认 CA 是研究附生硅藻群落特征的合适模型。即可采用对应分析（CA）对东江水系硅藻群落进行排序分析（图 6-19），双向指示种分析（TWINSPAN）对硅藻群落进行数量分类，树状分类见图 6-18。根据 TWINSPAN 结果在 CA 排序图上确定分类界线（图 6-19）。研究结果表明东江附生硅藻可分为 4 种硅藻群落类型。

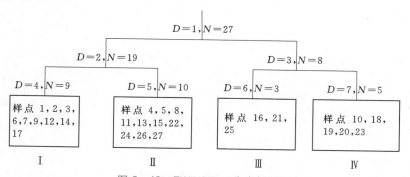

图 6-18　TWINSPAN 分类树状图

（D 表示分类次序，N 表示样方数量，Ⅰ～Ⅳ为类别代号）

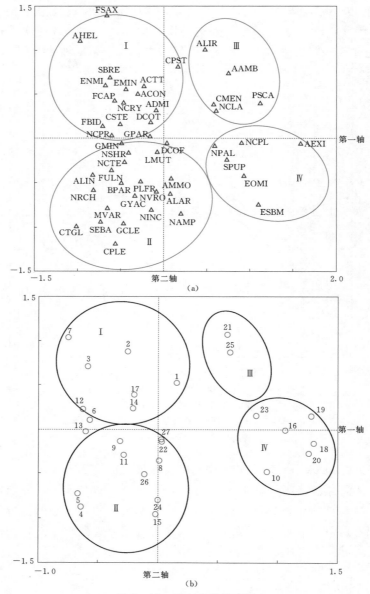

图 6-19 对应分析排序图

（Ⅰ～Ⅳ为 TWINSPAN 类别代号；圆圈为采样点；三角为硅藻种类；AAMB—*Aulacoseira ambigua*；ALIR—*A. lirata*；ACON—*Achnanthes conspicua*；ACTT—*A. catenata*；AEXI—*A. exilis*；AHEL—*A. helvetica*；ALAR—*A. lanceolata ssp. rostrata*；ALIN—*A. linearis*；ADMI—*Achnanthidium minutissimum*；AMMO—*Amphora montana*；BPAR—*Bacillaria paradoxa*；CMEN—*Cyclotella meneghiniana*；CPST—*C. pseudostelligera*；CSTE—*C. stelligera*；CPLE—*Cocconeis placentula var. euglypta*；CTGL—*Cymbella turgidula*；DCOF—*Diadesmis confervacea*；DCOT—*D. contenta*；EMIN—*Eunotia minor*；ENMI—*Encyonema minutum*；EOMI—*Eolimna minima*；ESBM—*E. subminuscula*；FBID—*Fragilaria bidens*；FCAP—*F. capucina*；FULN—*F. ulna*；FSAX—*Frustulia saxonica*；GCLE—*Gomphonema clevei*；GMIN—*G. minutum*；GPAR—*G. parvulum*；GYAC—*Gyrosigma acuminatum*；LMUT—*Luticola mutica*；MVAR—*Melosira varians*；NAMP—*Nitzschia amphibia*；NCLA—*N. clausii*；NCPL—*N. capitellata*；NINC—*N. inconspicua*；NPAL—*N. palea*；NCPR—*Navicula capitatoradiata*；NCRY—*N. cryptocephala*；NCTE—*N. cryptotenella*；NRCH—*N. reichardtiana*；NSHR—*N. schroeteri*；NVRO—*N. viridula var. rostellata*；PLFR—*Planothidium frequentissimum*；PSCA—*Pinnularia subcapitata*；SBRE—*Surirella brebissonii*；SEBA—*Sellaphora bacillum*；SPUP—*S. pupula*.）

Ⅰ：组团位于双轴系第二象限，包括采样点 1、采样点 2、采样点 3、采样点 6、采样点 7、采样点 9、采样点 12、采样点 14 和采样点 17。组团内优势种包括 *Frustulia saxonica*，*Achnanthes helvetica*，*Surirella brebissonii*，*Eunotia minor*，*Encyonema minutum*，*A. catenata*，*Navicula cryptocephala*，*A. conspicua*，*Fragilaria capucina*，*Achnanthidium minutissimum*，*F. bidens*，*Cyclotella stelligera*，*Diadesmis contenta* 等种类。

Ⅱ：组团主要位于双轴系第三象限，由采样点 4、采样点 5、采样点 8、采样点 11、采样点 13、采样点 15、采样点 22、采样点 24、采样点 26 和采样点 27 组成。组团内优势种类有 *Cocconeis placentula var. euglypta*，*Cymbella turgidula*，*Sellaphora bacillum*，*Gomphonema clevei*，*Melosira varians*，*Navicula reichardtiana*，*N. viridula var. rostellata*，*N. cryptotenella*，*N. schroeteri*，*Nitzschia inconspicua*，*N. amphibia Bacillaria paradoxa*，*Planothidium frequentissimum*，*Fragilaria ulna*，*Gyrosigma acuminatum*，*Achnanthes lanceolata ssp. rostrata*，*A. linearis*，*Amphora montana*，*Luticola mutica* 等。

Ⅲ：组团位于双轴系第一象限，包括采样点 16、采样点 21 和采样点 25。组团内的优势类群包括 *Aulacoseira ambigua*，*A. lirata*，*Cyclotella meneghiniana*，*Nitzschia clausii*，*Pinnularia subcapitata*。

Ⅳ：组团位于双轴系第四象限，有采样点 10、采样点 18、采样点 19、采样点 20 和采样点 23。组团内大量出现的硅藻种有 *Eolimna minima*，*E. subminuscula*，*Achnanthes exilis*，*Sellaphora pupula*，*Nitzschia capitellata*，*N. palea*。

CA 双轴系第一轴、第二轴共解释了硅藻种类累积变化的 22.4%。

由于 DCA 分析，前两轴中梯度长度最大值为 2.478＞2，表明东江流域附生硅藻群落与生态梯度具有非线性的单峰响应关系，因此应选用加权平均的非线性模型典型对应分析（CCA）来研究环境因子对硅藻群落的影响。

运行第一次 CCA，将 18 项环境变量中方差膨胀因子（VIF）＞20 的 10 项指标删去。剩下的 8 项环境变量［溶解氧（DO）、pH 值、亚硝氮（$NO_2 - N$）、硅酸盐（SiO_2）、硝氮（$NO_3 - N$）、坡度（Slope）、海拔（Altitude）、降雨（Rainfall）］，再一次进行 CCA 分析，得到 CCA 排序双轴系（图 6-20）。

CCA 分析结果显示（表 6-16），第一轴、第二轴的特征值分别为 0.316 和 0.178，物种与环境梯度排序轴的相关系数分别为 0.991 和 0.866，说明排序图很好地反映了硅藻与环境因子之间的关系。CCA 排序的前两轴共解释了硅藻群落变异程度的 45.2%。研究 8 个环境变量对于硅藻群落变异的贡献度（表 6-17）发现，轴 1 与水质指标中溶解氧和硅

表 6-16　　　　　CCA 排序轴特征值、种类与环境因子排序轴的相关系数

轴	1	2	3	4
特征值	0.316	0.178	0.148	0.137
种类-环境相关性	0.956	0.866	0.913	0.904
物种数据累积变化百分率/%	10.6	16.6	21.6	26.2
物种-环境关系累积变化百分率/%	28.9	45.2	58.7	71.2

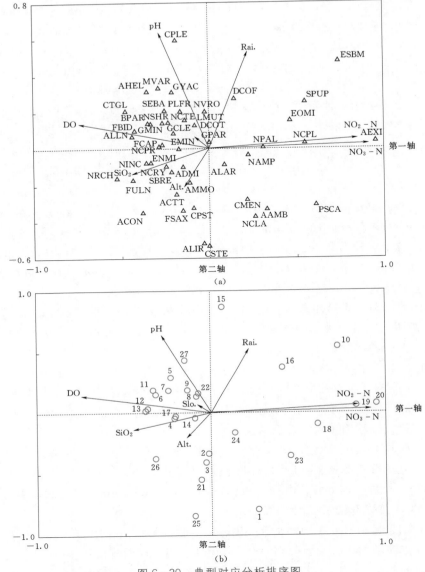

图 6-20　典型对应分析排序图

（圆圈为采样点；三角为硅藻种类；AAMB—*Aulacoseira ambigua*；ALIR—*A. lirata*；ACON—*Achnanthes conspicua*；ACTT—*A. catenata*；AEXI—*A. exilis*；AHEL—*A. helvetica*；ALAR—*A. lanceolata ssp. rostrata*；ALIN—*A. linearis*；ADMI—*Achnanthidium minutissimum*；AMMO—*Amphora montana*；BPAR—*Bacillaria paradoxa*；CMEN—*Cyclotella meneghiniana*；CPST—*C. pseudostelligera*；CSTE—*C. stelligera*；CPLE—*Cocconeis placentula var. euglypta*；CTGL—*Cymbella turgidula*；DCOF—*Diadesmis confervacea*；DCOT—*D. contenta*；EMIN—*Eunotia bidens*；ENMI—*Encyonema minutum*；EOMI—*Eolimna minima*；ESBM—*E. subminuscula*；FBID—*Fragilaria G. minutum*；FCAP—*F. capucina*；FULN—*F. ulna*；FSAX—*Frustulia saxonica*；GCLE—*Gomphonema clevei*；GMIN—*G. minutum*；GPAR—*G. parvulum*；GYAC—*Gyrosigma acuminatum*；LMUT—*Luticola mutica*；MVAR—*Melosira varians*；NAMP—*Nitzschia amphibia*；NCLA—*N. clausii*；NCPL—*N. capitellata*；NINC—*N. inconspicua*；NPAL—*N. palea*；NCPR—*Navicula capitatoradiata*；NCRY—*N. cryptocephala*；NCTE—*N. cryptotenella*；NRCH—*N. reichardtiana*；NSHR—*N. schroeteri*；NVRO—*N. viridula var. rostellata*；PLFR—*Planothidium frequentissimum*；PSCA—*Pinnularia subcapitata*；SBRE—*Surirella brebissonii*；SEBA—*Sellaphora bacillum*；SPUP—*S. pupula*；箭头为环境变量；DO—溶解氧；BOD₅—五日生化需氧量；CODMn—高锰酸盐指数；Cond.—电导率；NH₄-N—氨氮；pH—pH 值；NO₂-N—亚硝氮；SiO₂—硅酸盐；Cl—氯化物；NO₃-N—硝氮；PO₄-P—磷酸盐；TN—总氮；TP—总磷；DA—子流域面积；Alt.—海拔；Slo.—坡度；Rai.—降雨；Tem.—温度）

表 6-17　　　　　　　　　　各环境因子与两排序轴的相关性

参　数	轴		参　数	轴	
	1	2		1	2
溶解氧 DO	−0.7074*	0.1188	硝氮 NO_3-N	0.8704*	0.0238
pH 值	−0.2685	0.5513*	坡度	−0.0756	0.0547
亚硝氮 NO_2-N	0.8094*	0.0457	海拔	−0.1355	−0.1795
硅酸盐 SiO_2	−0.4226*	−0.1175	降雨	0.2139	0.4582*

注　* 表示相关性达显著水平 $P<0.05$，自由度 27。

酸盐呈现负相关关系，与亚硝氮和硝氮两个因子为正相关联系。因此轴 1 主要反映营养盐和硅酸盐梯度变化。轴 2 跟 pH 值和降雨量为显著相关关系。轴 2 为 CCA 排序的水体酸碱梯度轴。

　　分别以水质指标和地理因子这两类因子作为协变量（covariable）进行偏 CCA 分析，结果表明，总特征值为 2.974，18 个变量共同解释的方差为 71.0%（2.111/2.974），而地理因子单独解释了 25.7%（0.764/2.974），水质指标单独解释了 52.5%（1.561/2.974）。说明水质因素相对于地理因子，对于东江附生硅藻群落结构的影响更大。

　　东江河流采样点共鉴定出硅藻 30 属 98 种。其中 *Navicula*（舟形藻属）、*Gomphonema*（异极藻属）、*Nitzschia*（菱形藻属）、*Achnanthes*（曲壳藻属），包含种类多，丰度高，出现频率也高，为东江附生硅藻群落的优势属。主要的优势种包括 *Nitzschia palea*，*Gomphonema minutum*，*Gomphonema parvulum*，*Achnanthes catenata*，*Eolimna minima*，*Navicula cryptotenella*，*Achnanthidium minutissimum* 等。

　　根据 Van Dam 和 Hofmann 的硅藻生态指示值名录：TWINSPAN 分类组团 I 中的 *Frustulia saxonica*，*Achnanthes helvetica*，*A. catenata*，*Eunotia minor*，*Encyonema minutum*，*Fragilaria capucina* 等均为指示清洁水体的种类。II 中的 *Cocconeis placentula var. euglypta*，*Cymbella turgidula*，*Navicula reichardtiana*，*N. viridula var. rostellata*，*Achnanthes lanceolata ssp. rostrata*，*A. linearis*，*Gyrosigma acuminatum* 等种类经常出现在中度污染的水体。III 内的优势类群 *Aulacoseira ambigua*，*Cyclotella meneghiniana*，*Nitzschia clausii*，*Pinnularia subcapitata* 为污染水体的种类。IV 内的优势种有 *Eolimna minima*，*E. subminuscula*，*Sellaphora pupula*，*Nitzschia capitellata*，*N. palea*，*N. clausii*，当这些种类大量出现，表示其所处水体水质下降，污染严重。因此 CA 排序中第一轴明显反映了附生硅藻群落在水质梯度上的变化。而第二轴特征根值较低，解释群落变异信息不足，尚无法判断其体现的生态梯度。

　　CCA 轴 1 主要反映营养盐和硅酸盐的梯度变化。表明营养盐和硅酸盐是东江流域附生硅藻群落结构的主要影响因素，这与许多研究结果具有一致性。

　　CCA 轴 2 为水环境酸碱梯度轴。许多研究证明硅藻对于水体的酸碱度变化相当敏感。

6.3.6　硅藻生态学意义

6.3.6.1　有机物负荷

通过计算好腐蚀种和好清水种的百分比分析硅藻群聚情况，可以简单地评估有机物负荷。Van Dam（1994）依据硅藻承受有机污染的程度分了 5 组（图 6 - 21）。而依据异养特性分了 4 组（图 6 - 22）。

N-自养种只能在低有机氮（OBN）环境下生存；耐 N-自养种能在某些情况下容忍一定浓度的有机氮（OBN）；兼性 N-异养种需要周期性提高有机氮（OBN）浓度；专性 N-异养种需要不断提高有机氮（OBN）浓度。

D1 和 D21 断面以耐中低污染的硅藻类群占优势；D4、D9、D10 和 D22 断面以耐中等污染性的硅藻类群占优势；D3、D5、D6、D11、D12、D13、D17、D18 和 D20 断面以耐中到强污染性的硅藻类群占优势；D14 和 D19 断面以耐强污染性的硅藻类群占优势；而 D7、D8、D15、D16 和 D23 断面则几个类群分布平均，指示意义较模糊（图 6 - 21）。

D1、D9、D10、D15、D17、D21、D22 和 D23 断面以耐-N 自养的硅藻类群占绝对优势，说明该断面无机氮浓度较高；D3、D4、D5、D6、D8、D11、D12、D13、D16、D18 和 D20 断面以兼性 N-异养硅藻类群占优势，说明这些断面的有机氮浓度较高；D14 和 D19 断面以专性 N-异养硅藻类群占优势，说明这些断面的有机氮浓度很高；D7 断面则以耐-N 自养和兼性 N-异养硅藻类群为优势，指示意义不甚明确（图 6 - 22）。

6.3.6.2　氧饱和度

D1 断面以喜好很高氧饱和度（100％）的硅藻类群占优势，说明这个断面的溶解氧含量非常高；D9 断面以喜好高氧饱和度（＞75％）的硅藻类群占优势，说明这个断面的溶解氧含量较高；D4、D10、D15、D21、D22 和 D23 断面以喜好中等氧饱和度（＞50％）的硅藻种类占优势，说明这些断面溶解氧含量处于中等水平；D3、D5、D6、D7、D8、D11、D12、D13、D14、D16、D18 和 D19 断面以喜好低氧饱和度（＞30％）的硅藻类群占优势，说明这些断面溶解氧含量较低；D17 则以喜好中到低氧饱和度的硅藻类群为优势；D20 断面以喜好极低氧饱和度（10％）的硅藻类群占优势，说明这个断面溶解氧含量非常低（图 6 - 23）。

6.3.6.3　pH 值

D1、D3、D7、D10、D13、D14、D19、D22 和 D23 断面以喜中性的硅藻类群占优势；D4、D5、D6、D8、D9、D11、D12、D15、D16、D18、D20 和 D21 断面以喜碱性的硅藻类群占优势；D17 断面则以喜碱性和喜中性的硅藻类群占优势。总体来说，东江各断面的酸碱度为中性到碱性的水平（图 6 - 24）。

6.3.6.4　硅藻营养偏好

D14 和 D19 断面以喜好极富营养的硅藻类群占优势，说明这些断面营养盐含量非常高；D3、D4、D5、D6、D8、D9、D11、D12、D13、D16、D17、D18、D20 和 D21 断面以喜好富营养的硅藻类群占优势，说明这些断面营养盐含量较高；D10 断面以喜中富营养的硅藻类群占优势，D7 断面以喜中到富营养的硅藻类群占优势，说明这些断面的营养盐含量处于中等偏高水平；D1 和 D22 断面以营养偏好无差异的硅藻类群为优势，而 D15 和 D23 则不同的营养偏好类群含量分布平均，这些断面的硅藻营养水平指示意义较弱（图 6 - 25）。

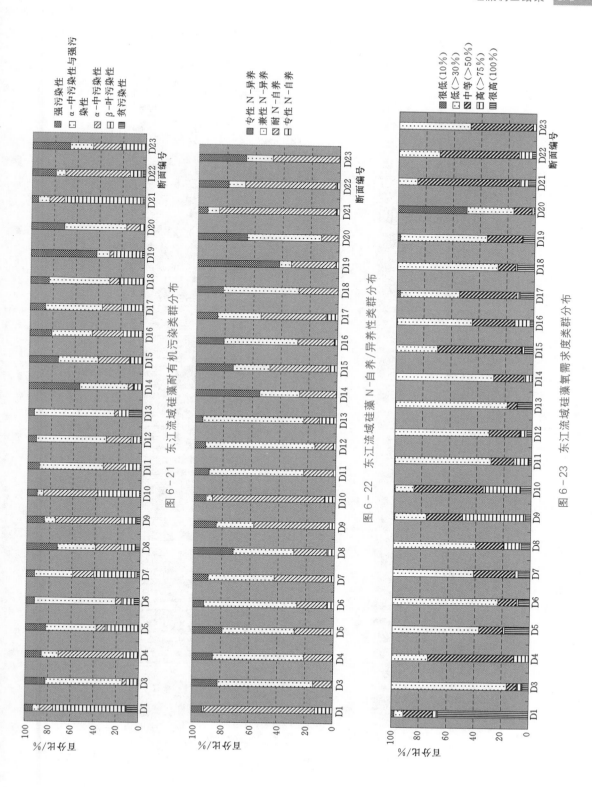

图 6-21 东江流域硅藻耐有机污染类群分布

图 6-22 东江流域硅藻 N-自养/异养性类群分布

图 6-23 东江流域硅藻需氧量求度类群分布

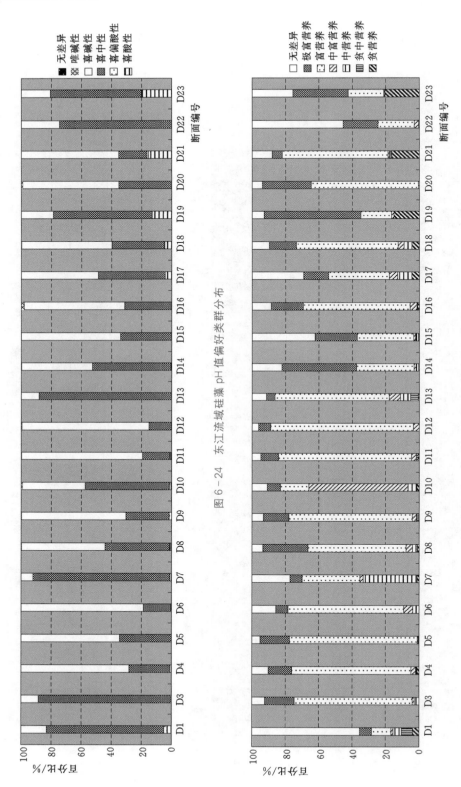

图 6 - 24 东江流域硅藻 pH 值偏好类群分布

图 6 - 25 东江流域硅藻营养偏好类群分布

6.3.7 东江流域硅藻指示种筛选

加权平均回归分析方法（WA）是基于物种在环境空间中占据着不同的环境范围的理论上发展起来的。通过加权平均回归方法，可以计算出硅藻物种对环境因子的最适值和耐受值，并且建立和检验硅藻与主要环境变量的参考模型。

本节以东江流域为研究区域，利用相关性分析、典型对应分析、加权平均回归分析等多种分析方法，研究了 Cond.、pH、DO、BOD_5、COD_{Mn}、TN、NH_4-N、NO_3-N、NO_2-N、TP、PO_4-P、SiO_3^{2-} 和 Cl^- 这 13 项水质参数与河流附生硅藻群落间的关系，并筛选出评价不同水质状况的硅藻指示种，以期为我国用硅藻建立河流水质监测体系提供理论基础，为进一步利用硅藻评价东江河流水质污染提供科学依据。

6.3.7.1 数据分析

为了减少分析误差，选择那些至少在两个或两个以上样品中出现、相对丰度超过 1% 以上的属种。使用 CANOCO for Windows 4.5 进行典范对应分析（CCA），使用 SPSS18.0 进行相关性分析，使用 C2 统计软件进行加权平均回归分析（WA）。所有环境变量数据（除 pH 值外）对其进行 $\lg(x+1)$ 转换。为了稳定物种变量，物种丰度进行平方根（Square Root）转换，以了减少优势种的影响。通过 1000 次循环的 bootstrapping 进行函数误差估计。

为了研究 13 项水质参数与河流附生硅藻群落分布的关系，进行以下分析。

（1）对 13 项水质参数使用相关性分析，通过相关系数分析，删除显著相关的环境因子，将剩下的不显著环境因子进行 CCA 分析。

（2）使用典范对应分析（CCA），根据所得到的典范对应分析图，依据环境因子之间的箭头长度、箭头倾斜度和相关关系筛选出影响附生硅藻群落分布的主要环境因子。

（3）使用加权平均回归分析（WA），计算出影响附生硅藻物种对主要环境因子的最适值，筛选相应环境因子下的硅藻指示种。

6.3.7.2 13 项水质参数间的相关性分析

结果显示 pH 值与其余 10 项水质参数相关性较弱，仅与 NO_3-N、TN 显著负相关（$P<0.05$），SiO_2 与所有水质参数指标无显著相关性，NO_3-N 只与 pH 值、TN 存在显著相关，TN、TP 均与 COD_{Mn} 存在显著相关，TP 还与 PO_4-P、NO_2-N 显著相关，COD_{Mn} 与 DO、pH、SiO_2、Cl^-、NO_3-N 不具有显著相关性，其余水质参数间均存在显著相关，少数部分参数存在极显著相关（$P<0.01$）（表 6-18）。

6.3.7.3 附生硅藻与环境因子间的 CCA 分析

对硅藻数据的除趋势对应分析（DCA）中发现，其第一轴和第二轴的梯度长度是 3.3 和 2.8，均大于 2，表明东江流域硅藻群落对生态梯度的响应是非线性的，所以利用单峰模型的 CCA 分析硅藻群落和水质参数的关系是最适合的。

为了确保水质参数的独立代表性，删除 6 个水质显著相关的环境因子（DO、NH_4-N、NO_2-N、Cl^-、BOD_5、PO_4-P），其余的 7 个环境因子进行 CCA 分析。CCA 分析的结果见表 6-19。前两轴的特征值分别是 0.331 和 0.204，前两个轴的物种与环境因子的相关系数是 0.932 和 0.847，前两轴共解释了硅藻群落数据累积方差值的 47.3%。第一

表 6-18　　　　　　　　　　　　　　13 项环境因子的相关性分析

环境因子	溶解氧 (DO)	五日生化量 (BOD$_5$)	高锰酸盐指数 (COD$_{Mn}$)	电导率 (Cond.)	氨氮 (NH$_4$-N)	pH 值 (pH)	亚硝氮 (NO$_2$-N)	硅酸盐 (SiO$_2$)	氯化物 (Cl$^-$)	硝氮 (NO$_3$-N)	磷酸盐 (PO$_4$-P)	总氮 (TN)	总磷 (TP)
溶解氧 (DO)	1												
五日生化量 (BOD$_5$)	-0.863**	1											
高锰酸盐指数 (COD$_{Mn}$)	-0.410	0.540**	1										
电导率 (Cond.)	-0.717**	0.692**	0.471*	1									
氨氮 (NH$_4$-N)	-0.885**	0.800**	0.433*	0.832**	1								
pH 值 (pH)	0.137	-0.144	-0.320	0.077	0.101	1							
亚硝氮 (NO$_2$-N)	-0.863**	0.757**	0.428*	0.791**	0.980**	0.052	1						
硅酸盐 (SiO$_2$)	0.115	-0.136	0.100	-0.023	-0.056	0.143	0.042	1					
氯化物 (Cl$^-$)	-0.772**	0.694**	0.365	0.884**	0.803**	0.062	0.732**	-0.356	1				
硝氮 (NO$_3$-N)	0.232	-0.140	-0.011	-0.109	-0.168	-0.429*	-0.115	-0.173	-0.164	1			
磷酸盐 (PO$_4$-P)	-0.546**	0.576**	0.489*	0.522*	0.606**	-0.275	0.698**	0.120	0.425*	0.144	1		
总氮 (TN)	-0.285	0.395	0.609**	0.333	0.287	-0.430*	0.290	0.005	0.194	0.650**	0.381	1	
总磷 (TP)	-0.291	0.319	0.526*	0.188	0.332	-0.388	0.483*	0.373	-0.005	0.246	0.798**	0.421	1

注　** 表示 $P < 0.01$；* 表示 $P < 0.05$。

表 6-19 7 个环境因子与硅藻群落间 CCA 分析前两轴的结果

轴	1	2	轴	1	2
特征值	0.331	0.204	物种数据方差累计百分比/%	10.3	16.7
物种-环境相关关系	0.932	0.847	物种-环境关系方差累计百分比/%	29.3	47.3

表 6-20 CCA 分析中前两排序轴与 7 个环境因子的相关性

轴	第一轴	第二轴	轴	第一轴	第二轴
第二轴	0.0375	SiO_2	−0.0084	−0.1724	
COD_{Mn}	0.5030**	−0.2443	NO_3-N	−0.1362	0.5382**
Cond.	0.8455**	−0.0788	TN	0.3224	0.3574*
pH	0.1524	−0.2272	TP	0.3613*	0.2172

注 ** 表示 $P<0.05$；* 表示 $P<0.1$。

轴与第二轴的相关性较小，仅为 0.0375，说明其排序图能很好地反映物种与环境因子之间的相关关系。

图 6-26 反映的是硅藻群落与 7 个环境因子的排序图，从图上箭头的连线长度可以看出，环境因子与第一轴的相关性大小为：Cond. ＞COD_{Mn}＞TN＞TP＞pH 值，与第二轴相关性为：NO_3-N＞TN＞TP；从箭头与第一排序轴的夹角可以看出，环境因子与第一轴的相关性大小为：Cond. ＞TP＞COD_{Mn}＞TN＞pH 值，这些环境因子与第一轴呈正相关；与第二轴相关性为 SiO_2＞NO_3-N＞pH 值＞TN＞TP。因此，结合表 6-20，从第一、第二排序轴的相关性分析可以得出，水质参数对硅藻群落的分布的影响程度为 Cond. ＞NO_3-N＞COD_{Mn}＞TP＞TN。结果表明，影响东江流域的附生硅藻群落分布的主要环境因子是 Cond. 、NO_3-N、COD_{Mn}、TP 和 TN。

6.3.7.4 附生硅藻群落对主要环境因子的最适值及耐受值幅度

通过加权平均回归分析方法（WA）得到附生硅藻群落在主要环境因子（Cond. 、TP、TN、NO_3-N、COD_{Mn}）中的最适值，具体值可见表 6-21。电导率的变化影响硅藻群落的分布。24 个样点的硅藻的电导率的最适值的范围是 39.20～642.00μS/cm。*Aulacoseira distans*、*Cyclotella meneghiniana*、*Cyclostephanos invisitatus*、*Nitzschia acicularis*、*N. capitellata*、*N. intermedia*、*Gomphonema olivaceum*、*Pinnularia subcapitata* 8 个硅藻属种的电导率的最适值都大于 250μS/cm，其中 *Aulacoseira distans*、*Nitzschia intermedia* 的电导率最适值最高，达到 642.00μS/cm。由于 *Aulacoseira distans*、*Cyclostephanos invisitatus*、*Gomphonema olivaceum*、*Nitzschia acicularis*、*N. capitellata*、*N. intermedia* 的电导率耐受值幅度均在 0.68mg/L 左右，说明它们能对高浓度电导率有很好的响应。可以认为它们能够指示一定的高电导率环境下的水体。同时，也有一部分硅藻是能在低电导率值的水体环境中生存：*Achnanthes minutissima var. saprophila*、*Navicula capitatoradiata*、*N. reichardtiana*、*Nitzschia sinuata var. tabellaria*，但其电导率耐受值幅度在 0.80mg/L 以上，说明这些硅藻种均有较大的耐受生态幅度。

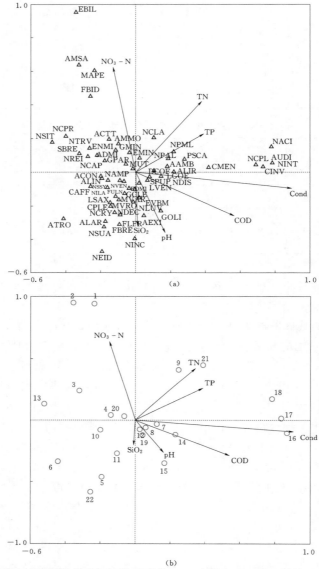

图 6-26　东江流域硅藻群落分布与环境因子的 CCA 分析图（圆圈为样地，三角为硅藻种类）

（AAMB—*Aulacoseira ambigua*；ACON—*Achnanthes conspicua*；ACTT—*A. catenata*；AEXI—*A. exilis*；ALAR—*A. lanceolata ssp. Rostrata*；ALIN—*A. linearis*；AMSA—*A. minutissima var. saprophila*；ATRO—*A. tropica*；ADMI—*Achnanthidium minutissimum*；AUDI—*Aulacoseira distans*；ALIR—*A. lirata*；AMMO—*Amphora montana*；CAFF—*Cymbella affinis*；CINV—*Cyclostephanos invisitatus*；CMEN—*Cyclotella meneghiniana*；CPLE—*Cocconeis placentula var. euglypta*；DCOF—*Diadesmis confervacea*；EBIL—*Eunotia bilunaris*；EMIN—*E. minor*；ENMI—*Encyonema minutum*；EOMI—*Eolimna minima*；ESBM—*E. subminuscula*；FBID—*Fragilaria bidens*；FBRE—*F. brevistriata*；FULN—*F. ulna*；GCLE—*Gomphonema clevei*；GMIN—*G. minutum*；GOLI—*G. olivaceum*；GPAR—*G. parvulum*；LGOE—*Luticola goeppertiana*；LMUT—*L. mutica*；LSAX—*L. saxophila*；LVEN—*L. ventricosa*；MAPE—*Mayamaea atomus var. permitis*；MVAR—*Melosira varians*；NCAP—*Navicula capitata*；NCPR—*N. capitatoradiata*；NCRY—*N. cryptotenella*；NDEC—*N. decussis*；NEID—*N. eidrigiana*；NREI—*N. reichardtiana*；NSSY—*N. schroeteri var. symmetrica*；NTRV—*N. trivialis*；NVEN—*N. veneta*；NVRO，*N. viridula var. rostellata*；NACI，*Nitzschia acicularis*；NAMP—*N. amphibia*；NCLA—*N. clausii*；NCPL—*N. capitellata*；NDIS—*N. dissipata*；NILA—*N. lacuum*；NINC—*N. inconspicua*；NINT—*N. intermedia*；NLEV—*N. levidensis*；NPAL—*N. palea*；NPML—*N. pumila*；NSIT—*N. sinuata var. tabellaria*；NSUA—*N. subacicularis*；PLFR，*Planothidium frequentissimum*；PSCA—*Pinnularia subcapitata*；SBRE—*Surirella brebissonii*；SPUP—*Sellaphora pupula*）

表 6-21　62 个硅藻种对 Cond.、TP、TN、NO$_3$-N、COD$_{Mn}$的最适值及耐受值

物 种 名 称	Cond. /(μS/cm)		TP /(mg/L)		TN /(mg/L)		NO$_3$-N /(mg/L)		COD$_{Mn}$ /(mg/L)	
	最适值	耐受值	最适值	耐受值	最适值	耐受值	最适值	耐受值	最适值	耐受值
Aulacoseira ambigua	200.72	0.84	0.17	0.24	2.34	0.15	1.16	0.32	2.88	0.15
Achnanthes conspicua	119.09	1.12	0.06	0.03	1.74	0.42	1.13	0.30	1.93	0.40
Achnanthes catenata	116.75	0.93	0.09	0.07	1.87	0.46	1.24	0.44	1.74	0.37
Achnanthidium minutissimum	119.58	0.68	0.12	0.11	2.01	0.45	1.23	0.47	1.78	0.37
Achnanthes exilis	232.16	1.03	0.05	0.05	1.52	0.38	0.92	0.23	2.18	0.36
Achnanthes lanceolata ssp. rostrata	116.70	0.75	0.10	0.09	1.14	0.47	0.72	0.19	1.83	0.51
Achnanthes linearis	95.28	1.03	0.14	0.09	1.29	0.30	0.76	0.11	1.76	0.32
Aulacoseira lirata	195.07	0.66	0.22	0.23	2.44	0.25	0.96	0.12	3.20	0.39
Amphora montana	132.19	1.46	0.14	0.13	2.00	0.44	1.22	0.41	2.13	0.50
Achnanthes minutissima var. saprophila	80.33	0.80	0.09	0.03	2.16	0.75	1.79	0.61	1.10	0.05
Achnanthes tropica	107.00	0.68	0.02	0.11	1.42	0.37	0.99	0.27	1.90	0.37
Aulacoseira distans	642.00	0.68	0.04	0.11	1.76	0.37	0.50	0.27	2.40	0.37
Cymbella affinis	96.76	1.51	0.08	0.03	0.88	0.28	0.65	0.09	1.21	0.19
Cyclostephanos invisitatus	464.14	0.58	0.31	0.33	2.56	0.34	0.77	0.15	3.85	0.48
Cyclotella meneghiniana	279.91	1.09	0.18	0.20	2.37	0.24	0.93	0.25	3.02	0.36
Cocconeis placentula var. euglypta	121.19	0.68	0.09	0.07	1.15	0.36	0.73	0.14	1.64	0.44
Diadesmis confervacea	178.11	0.43	0.16	0.16	2.25	0.17	1.10	0.23	2.82	0.15
Eunotia bilunaris	114.00	0.68	0.12	0.11	3.14	0.37	2.77	0.27	1.20	0.37
Eunotia minor	170.86	0.77	0.39	0.47	2.12	0.37	1.73	0.48	2.44	0.23
Encyonema minutum	108.82	0.54	0.11	0.16	1.54	0.52	1.17	0.44	1.55	0.32
Eolimna minima	172.86	0.85	0.18	0.15	1.92	0.36	1.22	0.29	2.58	0.33
Eolimna subminuscula	153.18	1.01	0.13	0.13	1.61	0.49	0.83	0.18	2.37	0.54
Fragilaria bidens	119.59	0.16	0.09	0.05	2.11	0.62	1.64	0.63	1.48	0.32
Fragilaria brevistriata	242.00	0.68	0.09	0.11	1.39	0.37	0.80	0.27	1.50	0.37
Fragilaria ulna	127.30	0.31	0.08	0.08	1.17	0.44	0.71	0.15	1.71	0.42
Gomphonema clevei	151.52	0.57	0.11	0.07	1.91	0.41	0.86	0.18	2.56	0.56
Gomphonema minutum	123.78	0.11	0.11	0.05	2.77	0.15	1.35	0.42	2.57	0.58
Gomphonema olivaceum	307.00	0.68	0.04	0.11	2.38	0.37	1.25	0.27	3.50	0.37
Gomphonema parvulum	149.99	0.79	0.09	0.10	1.73	0.37	1.10	0.37	1.80	0.36
Luticola goeppertiana	196.00	0.68	0.11	0.11	2.71	0.37	1.21	0.27	3.20	0.37
Luticola mutica	144.11	0.32	0.16	0.18	2.09	0.21	1.14	0.31	2.59	0.24
Luticola saxophila	146.62	0.53	0.07	0.06	2.02	0.35	1.10	0.08	2.52	0.30

续表

物 种 名 称	Cond. /(μS/cm)		TP /(mg/L)		TN /(mg/L)		NO₃－N /(mg/L)		CODMn /(mg/L)	
	最适值	耐受值	最适值	耐受值	最适值	耐受值	最适值	耐受值	最适值	耐受值
Luticola ventricosa	164.64	0.09	0.08	0.01	2.16	0.18	0.99	0.09	2.89	0.18
Mayamaea atomus var. permitis	115.01	0.02	0.15	0.11	2.22	0.63	1.73	0.75	1.50	0.37
Melosira varians	159.79	0.60	0.08	0.02	1.42	0.40	0.84	0.15	1.68	0.39
Nitzschia acicularis	381.00	0.68	0.64	0.11	3.43	0.37	0.72	0.27	5.50	0.37
Nitzschia amphibia	117.90	0.68	0.12	0.04	2.09	0.36	0.99	0.14	2.63	0.41
Navicula capitata	129.70	4.15	0.07	0.03	1.17	0.50	0.73	0.21	1.73	0.55
Nitzschia clausii	180.22	0.67	0.33	0.28	2.35	0.22	1.51	0.42	2.48	0.31
Nitzschia capitellata	518.22	0.91	0.17	0.26	2.04	0.29	0.66	0.15	2.79	0.49
Navicula capitatoradiata	67.18	0.85	0.10	0.06	1.39	0.65	1.10	0.52	1.49	0.54
Navicula cryptotenella	129.84	0.26	0.06	0.04	1.43	0.41	0.85	0.17	1.97	0.29
Navicula decussis	141.03	0.65	0.11	0.19	1.35	0.51	0.81	0.21	2.00	0.48
Nitzschia dissipata	196.00	0.68	0.11	0.11	2.71	0.37	1.21	0.27	3.20	0.37
Navicula eidrigiana	118.00	0.68	0.02	0.11	0.48	0.37	0.46	0.27	1.10	0.37
Nitzschia lacuum	116.00	0.68	0.09	0.11	1.78	0.37	0.97	0.27	2.10	0.37
Nitzschia inconspicua	177.55	1.23	0.10	0.10	1.78	0.56	0.93	0.25	3.00	0.64
Nitzschia intermedia	642.00	0.68	0.04	0.11	1.76	0.37	0.50	0.27	2.40	0.37
Nitzschia levidensis	194.55	0.37	0.09	0.11	1.56	0.11	0.82	0.02	1.90	0.24
Nitzschia palea	234.81	1.27	0.16	0.21	1.91	0.40	0.95	0.35	2.28	0.48
Nitzschia pumila	234.99	0.45	0.08	0.06	2.41	0.01	0.93	0.23	2.96	0.19
Navicula reichardtiana	65.36	1.05	0.14	0.09	1.17	0.55	0.73	0.17	1.69	0.53
Nitzschia sinuata var. tabellaria	39.20	0.68	0.10	0.11	0.62	0.37	0.58	0.27	1.00	0.37
Navicula schroeteri var. symmetrica	129.86	0.43	0.11	0.06	1.66	0.51	1.07	0.41	1.90	0.60
Nitzschia subacicularis	117.16	0.01	0.05	0.05	0.93	0.56	0.65	0.24	1.47	0.32
Navicula trivialis	125.41	0.29	0.06	0.05	2.16	0.33	1.45	0.42	1.99	0.38
Navicula veneta	132.59	1.14	0.08	0.02	1.79	0.38	0.96	0.15	2.43	0.41
Navicula viridula var. rostellata	128.65	0.49	0.09	0.08	1.40	0.38	0.82	0.16	2.00	0.43
Planothidium frequentissimum	162.15	0.64	0.07	0.06	1.71	0.38	0.96	0.17	2.44	0.45
Pinnularia subcapitata	265.82	1.14	0.20	0.26	2.12	0.24	1.19	0.36	2.45	0.36
Surirella brebissonii	107.99	0.01	0.02	0.01	1.75	0.31	1.39	0.28	1.34	0.22
Sellaphora pupula	181.13	0.96	0.15	0.18	1.86	0.36	1.03	0.29	2.35	0.35

　　表 6-21 显示，TP 的最适值范围为 0.02～0.64mg/L，TP 的耐受值幅度主要集中在 0.11mg/L。*Cyclostephanos invisitatus*、*Eunotia minor*、*Nitzschia clausii* 这 3 个硅藻属种的

TP 最适值都大于 0.3mg/L，其中 *Nitzschia acicularis* 达到最高的 TP（0.64mg/L）。且 *Nitzschia acicularis* 的耐受值幅度是 0.11mg/L，说明其硅藻种能指示较高的总磷营养水平。而 *Cyclostephanos invisitatus*、*Eunotia minor* 也可以指示较高的总磷，但是它们的生态幅度值大于 0.28mg/L，有可能在中-高营养水体中也有一定的含量。*Aulacoseira lirata*、*Achnanthes lanceolata ssp. rostrata*、*Navicula schroeteri var. symmetrica*、*Nitzschia amphibia*、*N. inconspicua*、*N. sinuata* 等 32 种硅藻的 TP 的最适值在 0.09～0.28mg/L。在 TP 大于 0.09mg/L 的硅藻中，*Nitzschia* 属有 10 种，其次 *Navicula* 属有 5 种。满足 TP 的耐受值幅度小于 0.11mg/L 的硅藻种大约占 80％。*Achnanthidium minutissimum*、*Achnanthes linearis*、*Eunotia bilunaris*、*Mayamaea atomus var. permitis*、*Nitzschia acicularis*、*Navicula reichardtiana* 等 TP 的最适值大于 0.12mg/L 且耐受值幅度小于 0.12mg/L，说明它们可以指示较高的总磷营养水平。*Achnanthes tropica*、*Navicula eidrigiana*、*Surirella brebissonii* 的 TP 最适值比较低，范围是 0.02～0.08mg/L。其中，*Achnanthes conspicua*、*A. exilis*、*Cymbella affinis*、*Luticola ventricosa*、*Melosira varians*、*Navicula capitata*、*N. cryptotenella*、*N. subacicularis*、*N. veneta*、*Surirella brebissonii* 等低 TP 最适值的硅藻种其耐受值幅度小于 0.05mg/L，说明它们能够指示低总磷营养水平。

同样，TN 的最适值范围是 0.48～3.43mg/L，TN 的耐受值幅度范围是 0.01～0.75mg/L，有 60％的硅藻 TN 的耐受值幅度处于 0.30～0.50mg/L。*Eunotia bilunaris*、*Nitzschia acicularis* 这 2 个的硅藻属种的 TN 最适值大于 3mg/L，它们的耐受值幅度均为 0.37mg/L。*Achnanthes lanceolata ssp. rostrata*、*Achnanthidium minutissimum*、*Cocconeis placentula var. euglypta*、*Cyclotella meneghiniana*、*Cymbella affinis*、*Gomphonema olivaceum*、*Navicula schroeteri*、*Nitzschia inconspicua*、*N. sinuata* 等 56 种硅藻的 TN 的最适值在 1.14～2.77mg/L。其中 *Nitzschia* 属有 10 种，其次 *Navicula* 属有 8 种。*Achnanthes* 属有 6 种。满足 TN 的耐受值幅度小于 0.37mg/L 的硅藻种大约占 50％。*Aulacoseira ambigua*、*A. lirata*、*Cyclotella meneghiniana*、*Diadesmis confervacea*、*Gomphonema minutum*、*Luticola mutica*、*L. ventricosa*、*Nitzschia clausii*、*N. pumila*、*Pinnularia subcapitata* 等 TN 的最适值大于 2mg/L 且耐受值幅度小于 0.25mg/L，说明它们在指示较高的营养水平的同时对总氮有很好的响应。可见，所研究样点的 62 种硅藻属种大部分都可以作为水质总氮高的指示种。也有少部分的硅藻在比较低的 TN 最适值中生存，如 *Cymbella affinis*、*Navicula eidrigiana*、*Nitzschia sinuata var. tabellaria*、*N. subacicularis*。除了 *N. subacicularis* 的耐受值大于 0.37mg/L，其余在最适低总氮中生长的耐受幅度值均小于 0.37mg/L。*Navicula eidrigiana* 的 TN 最适值是最低的（0.48mg/L）。因此，可以认为它们指示低浓度总氮水平的指示种。

NO$_3$-N 的最适值范围是 0.46～2.77mg/L，相应地，NO$_3$-N 的耐受值幅度范围是 0.02～0.75mg/L，也有 65％的 NO$_3$-N 的耐受值幅度处于 0.11～0.31mg/L。硅藻种 *Eunotia bilunaris* 的硝氮最适值达到最高（2.77mg/L），其耐受值为 0.27mg/L。*Achnanthidium minutissimum*、*Amphora montana*、*Cyclotella meneghiniana*、*Gomphonema parvulum*、*Luticola goeppertiana*、*Nitzschia amphibia*、*N. clausii*、*N. inconspicua*、*N. palea*、

Pinnularia subcapitata 等 38 种硅藻的 NO_3-N 的最适值在 $0.92\sim1.79mg/L$。然而仅有少数几个的硅藻的耐受值小于 $0.27mg/L$，其余的耐受值均大于 $0.27mg/L$，集中在 $0.41mg/L$ 左右。可见指示高浓度硝氮的硅藻种较少。适应比较低的 TN 最适值的硅藻种（*Aulacoseira distans*、*Cymbella affinis*、*Navicula eidrigiana*、*Nitzschia sinuata var. tabellaria*、*N. subacicularis*）同样也能在较低的 NO_3-N 最适值中生活。TN 最适值的最低种 *Navicula eidrigiana*，其 NO_3-N 的最适值也是最低的（$0.46mg/L$），耐受值与最高硝氮的 *Eunotia bilunaris* 一样，均为 $0.27mg/L$。

COD$_{Mn}$ 的最适值范围是 $1.0\sim5.5mg/L$，COD$_{Mn}$ 的耐受值幅度范围是 $0.05\sim0.55mg/L$，*Nitzschia acicularis* 的 COD$_{Mn}$ 最适值达到最大为 $5.5mg/L$，其耐受值为 $0.37mg/L$。*Aulacoseira lirata*、*Cyclotella meneghiniana*、*Cyclostephanos invisitatus*、*Gomphonema olivaceum*、*Luticola goeppertiana*、*Nitzschia dissipata*、*N. inconspicua* 等 7 个硅藻属种的 COD$_{Mn}$ 最适值大于 $3mg/L$。除了 *Cyclostephanos invisitatus*、*N. inconspicua*，其余的硅藻种耐受值均在 $0.37mg/L$。*Achnanthes conspicua*、*A. tropica*、*Gomphonema minutum*、*Eunotia minor*、*Nitzschia palea* 等 44 个硅藻种具有相对适中的 COD$_{Mn}$ 最适值。其中个别硅藻 *Aulacoseira ambigua*、*Diadesmis confervacea*、*Luticola ventricosa*、*Nitzschia pumila* 的耐受值幅度比较低，为 $0.15mg/L$，可以指示较高浓度的水质状况。同时，也有在一部分硅藻具有相对较低的 COD$_{Mn}$ 最适值，如 *Achnanthes minutissima var. saprophila*、*Navicula eidrigiana*、*Nitzschia sinuata var. tabellaria*，其耐受值也为 $0.37mg/L$。

6.4　底栖动物调查结果

大型底栖无脊椎动物是指生命周期的全部或至少一段时期聚居于水体底部的大于 $0.5mm$ 的水生无脊椎动物群，简称底栖动物。淡水中底栖动物主要包括水生昆虫、软体动物、螨形目、软甲亚纲、寡毛纲、蛭纲和涡虫纲等。

底栖动物的分类可以按照不同的生活习性来分，也可以依据摄食对象和摄食方式的差异来划分。

（1）按照生活习性可以将底栖动物分成 8 类：

1）蔓生型底栖动物，该类生物喜好在水生植物茎叶表面或河床底质表层生活，大多数具有鳃或者其他呼吸器官来保证其免受泥沙淤积的影响。

2）溜水型底栖动物，该类动物以水龟科为主要类群，它们可以利用水体表面的张力而不沉入水体，在水面上生活。

3）潜水型底栖动物，指能够游泳到水体表面呼吸空气、在水体中能够比较自主地游动的底栖动物，它们并不附着在底质表面。

4）穴居型底栖动物，该类生物栖息于河床砂石缝隙内，它们主要摄食河床表面的细有机颗粒物质。

5）游泳型底栖动物，指能够自由地控制自身的运动方向并可改变其运动速度的底栖动物，能够在水体中来回游弋，主要栖息依附于河床底质的表面。

6）攀爬型底栖动物，指生活在湍流区或者静水区的底质表面、活体水生植物、腐败的有机碎屑或木头碎屑上的底栖动物。

7）钻蚀型底栖动物，这类生物主要借助物理的或化学的方式挖掘出适宜的生存空间。

8）固着型底栖动物，指主要栖息于河床底质的动物，身体外形或者生活行为上适应性很强，可以承受水力冲击，终生固着或者临时固着在水底表面或者底质突出物上。

（2）按摄食对象和摄食方式的差异，可分为 6 个主要的功能摄食类群：

1）捕食者，该类生物主要通过猎食底栖动物的方式生存，从生态链的角度来说属于次级消费者。

2）收集者，主要以细有机颗粒物为食物来源，生态链上属于初级消费者。该类群还可以进一步分为两类：直接收集者和滤食收集者，其中直接收集者主要以摄食沉积于底质表面的细有机颗粒物为主，而滤食收集者主要以悬浮于水中的细有机颗粒物为食。

3）撕食者，摄食粗颗粒有机质，生态链中处于初级消费者，与其他微型水生生物在分解水生维管束植物的残体组织上发挥相同的作用，同时可以直接以水生维管束植物的活体为食物来源。

4）刮食者，摄食的对象主要在表层，刮取依附在河床底质上的微小型生物、藻类或其他附着型的生物。

5）食腐者，拥有广泛的摄食范围，可以同时摄食死的或活的有机物质，也被称作清道夫。

6）钻食者，通过刺吸其他底栖动物的结构组织来摄食。不同的底栖动物对食物的摄取方式相差很大，河流生态系统中以前 4 种功能摄食类群为主，它们的分布可以反映资源的分布合理利用，反映生态系统的过程和水平。同时，功能摄食类群的分布在一定程度上也能反映它们对环境变量的耐受力，可以用于研究水质污染的影响，有利于准确进行河流生态评价。

大型底栖无脊椎动物的野外采集结合生境特点用 D 形网（宽 0.3m，450μm 孔径尼龙纱）采集。对可涉水河流，D 形网采集时选择溪流的急流与缓流区域，进行 3～5 个踢网样品采集；或每个样点在 100m 长的范围内。采集距离约为 5m，采集面积约为 1.5m²。对不可涉水的大河，一般就在可以到达的河的一边进行采集，采集时，同样考虑小生境的多样性和出现比例，在沿岸带（<1.5m）进行合理分配，尽量采集长有水生植物的生境。总采集面积同样约为 1.5m²。所有采集的样品经 60 目的筛网筛洗后，用 8% 的福尔马林液固定保存，贴上采集标签后带回实验室。

保存样品在实验室内，挑拣出底栖动物标本。为了保证鉴定结果的正确性、一致性和实用性，根据现有的最可靠的科学资料，将底栖动物鉴定至最低分类水平。水生昆虫和软体动物鉴定至科、属或种；甲壳纲、涡虫纲、蛭纲、寡毛类根据相关资料鉴定至纲或者科或者属。

底栖动物综合指数的构建一般采用参照组和受损组的对比、判别分析等方法确定。这套传统的方法虽然已发展得十分成熟，但存在受研究区域缺乏足够数量的参照点/参照系，而不能科学地构建的缺陷。尤其是在我国的珠三角和长三角等经济发达地区的不可涉水河流，已普遍且比较严重地受到人类活动的干扰，如流域内森林用地变化、农田或城镇用地、筑坝、取水和污染等。如何在普遍且较严重地受到人类活动干扰的流域构建底栖动物综合指数，是目前建立和应用底栖动物综合指数的一个难题。为此，Suriano 等提出可以采用综合环境梯度结合指数分布的方法来构建底栖动物综合指数，并成功构建了适合巴西圣保罗州下游河流的综合指数。

本书采用 Suriano 提出的方法，以珠江流域不可涉水河流为研究对象，尝试以底栖动物群落参数对环境梯度的响应为依据，筛选出合适的生物指数来构建适合珠江流域进行水质生物评价的底栖动物综合指数，旨在为珠江流域河流水质生物监测和评价提供科学的水质生物评价指数，为我国同类型河流的水质生物评价综合指数的构建提供参考。

影响底栖动物在水体中的生长、分布的生态因子主要包括物理因子（光照、温度、透明度、流速、底质、水深等）、化学因子（pH 值、营养盐、离子、重金属等）和生物因子（竞争、捕食、水生植物、饵料生物等）。

1. 光照

光照对底栖动物的影响主要通过影响水体的初级生产力从而间接影响底栖动物的生长。

2. 温度

温度对底栖动物的影响较为普遍的认识是在食物和其他环境适宜的条件下，在适宜的温度范围内，升高温度可加快底栖动物的生长。温度变化与底栖动物种的个体大小还有关系，个体越小影响越大。例如，不同规格大小的梨形环棱螺（*Bellamya purificate*）在温度梯度中的生长实验就证明了这一点，这可能是小个体对外界适应性比大个体弱的缘故。大部分底栖动物种类都适宜在较高的温度中生长，如一些摇蚊幼虫在夏季温暖的季节中生长迅速，而到寒冷的月份完全停止生长。但是温度过高会对底栖动物产生不良影响，如当温度到 36℃ 时青蛤（*Cyclina sinensis*）稚贝停止生长，温度升高到 39℃ 时就会死亡。当然也有适宜在低温环境中生长的底栖动物种，如大红德永摇蚊（*Tokunagayusurikd aka-musi*）幼虫当水温高于 20℃ 时开始钻到底泥深处休眠，当深秋水温下降到 20℃ 时才开始大量地出现在表层底泥中，其主要生长季节在冬季。

3. 流速

底栖动物群落的物种丰度一般出现在流速为 0.3～1.3m/s 的各种底质中。流速降低在一定程度上可加快有机碎屑沉积量的增加，而有机碎屑是底栖动物很重要的食物来源。但当流速低于 0.3m/s 时，河床趋于淤积，生产力不高；当流速大于 1.2m/s 时，流速就会成为大多数生物的限制因素。水流扰动对滤食收集者的栖息非常不利，会降低滤食者的数量，如蜉蝣和石蛾幼虫。根据对流速大小的要求不同，可以将底栖动物分为急流型和缓流型。急流型是河流底栖动物群落的典型生物代表，为了能够停栖在一个地点而不被水流冲走，它们形成了一些特有的适应特性。急流型底栖动物一般具有流线型的身体，以使其在流水中产生的摩擦力最小，如四节蜉科稚虫；许多急流动物都具有非常扁平的身体，使它们能在石块下或底质缝隙中得以栖息；有些动物持久地附着在固定的物体上，如有的石蛾幼虫会把巢和石块粘在一起；有些动物则具有钩和吸盘等附着器官，如双翅目蚋科和网蚊科的幼虫；有些动物具有黏着的下表面，如涡虫，这使得它们能牢牢地粘在水下石块的表面，并缓慢地在石块表面爬行。

4. 水深

一般来说，底栖动物群落的密度和多样性随水深的增加而不断地递减。Beisel 等指出，河流水深与底栖动物的均匀度呈正相关关系，与多度呈负相关关系。一般来说，水深为 16～50cm 时，底栖动物群落的物种丰度和生物密度最高，敏感类群也最多。水流过浅，作为底栖动物重要食物来源的水生植物和底栖动物会受到光照的干扰；相反，水流过深，则光照的衰减会导致初级生产力降低。对于湖泊，因湖泊不同位置的水深不同，底栖动物群落的组成也不同。有文献记载，深水湖泊底栖动物种类很少，但现存量有时很大，常以寡毛类为主，浅水湖泊底栖动物的物种较多，但通常以螺类的生物量为最大，主要为沼螺属（*Parafossarulus*）、涵螺属（*Alocinma*）、短沟蜷属（*Semisulcospira*）、环棱螺（*Bellamya*）等。对于水库，由于水体较深，底栖动物的物种数一般较少。寡毛类是山谷型水库和水库深水区的优势类群，而摇蚊幼虫则在平原型水库和水库浅水区较多。

5. 营养盐

底栖动物的多样性与水体中总氮、总磷均呈负相关关系。水体富营养化导致底栖动物有些种类消失，而耐污种的生物量增加。如东湖底栖动物从 20 世纪 60 年代的 133 种降到 90 年代的 67 种，其中以毛翅目和软本动物种类的消失更甚，而霍甫水丝蚓（*Limnodrilus hoffmeisteri*）的密度呈现快速增长的趋势。

6. 底质

底质是底栖动物生长、繁殖等一切生命活动的必备条件，底质的颗粒大小、稳定程度、表面构造和营养成分等都对底栖动物有很大的影响，具体的影响随个体种类而异。水体的底质大体可分为岩石、砾石、粗砂、细砂、黏土和淤泥等。粗砂和细砂的底质最不稳定，通常生物量最低；砾石底质的底栖动物生物量较高。同种底栖动物在不同底质中的差别也较大，如在泥沙滩和砾石滩同种软体动物呈现出不同的优势度，东湖铜锈环棱螺（*Bellamya aeruginosa*）则主要生活在含砂的湖底。

7. pH 值

水体的酸碱度对底栖动物产生一定的影响。如 pH 值在 5.0 以下时底栖动物的生物量明显减少，繁殖能力显著减弱；泥螺（*Bullacta exarata*）的浮游幼虫在水体的 pH 值为 5.0 以下时，会产生大量畸形，pH 值在 7～8 时存活率和生长最佳。2002 年 Stoertz 等研究发现，河流被酸性矿排水污染隔离的情况下底栖动物的多样性降低。在被酸性矿排水污染的河流中，摇蚊幼虫占了底栖动物总数的 94％，而蜻蜓目、蜉蝣目和襀翅目从小就消失。

8. 重金属

重金属元素进入水体后多沉积于底泥中，这必然对生活于水生生态系统底层的底栖动物构成极大的威胁。在水生生态系统中，铜、铅、锌是重金属中对水生动物造成生态风险较大的 3 种，其中铜对底栖动物的生物毒性高于其他重金属。朱江和任淑智研究了德兴铜矿废水对乐安江底栖动物群落的影响。他们发现，乐安江水体底泥中铜的浓度与底栖动物多样性指数呈显著负相关关系。Swift 的研究表明，硒对底栖动物多度、丰度或多样性没有显著的影响，但为了保护鱼类和敏感底栖动物，他们建议硒在水体中的含量应不大于 2。

9. 生物间的相互作用

底栖动物种间的影响主要是在捕食和生存空间两方面发生竞争，其结果往往是造成低质量的摄食条件和生存空间、低下的生长发育速率，最终对现存量造成负面作用。如蜉蝣目、毛翅目、摇蚊和颤蚓类等底栖动物在不同密度下进行的培养实验表明，高密度造成同种或异种个体变小，死亡率增加，世代数减少，从而导致生物量降低。即使在水质较好的条件下，由于密度过大，底栖动物的生长也会受到较大的影响。

6.4.1　种类组成

6.4.1.1　枯水期

调查水域各监测站位共检出底栖动物 37 种（科、属），分别属于软体动物门、节肢动物门、环节动物门及底栖性鱼类。其中，节肢动物门 15 种，占底栖动物总种数的 41%，居首位；其次是软体动物门，13 种，占 35%；环节动物门排第三位，6 种，占 16%；底栖性鱼类 3 种，占 8%（图 6-27）。

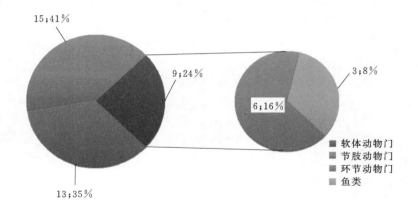

图 6-27　调查水域底栖动物种类组成

调查水域涵盖了东江干支流水体，各调查站位种数差别较大（D14 断面未检出）。其中，D3 断面检出 21 种，居首位；其次是 D7、D8、D10 站位种数均为 7 种；D4 和 D6 仅检出 1 种，其余监测断面种数在 3～5 种（图 6-28）。

6.4.1.2　丰水期

调查水域各监测站位共检出底栖动物 43 种（科、属），分别属于软体动物门、节肢动物门、环节动物门及底栖性鱼类。其中，软体动物门 17 种，占底栖动物总种数的 46%，居首位；其次是节肢动物门，9 种，占 24%；环节动物门居第三位，7 种，占 19%；底栖性鱼类 4 种，占 11%（图 6-29）。

调查水域涵盖了东江干支流水体，各调查站位种数差别较小。其中，D1 断面检出 8 种，居首位；其次是 D9、D10、D11 断面，种数均为 7 种；D3、D8、D18 站位种数均为 6 种；此外 D14 仅检出 1 种，其余监测断面种数在 2～4 种（图 6-30）。

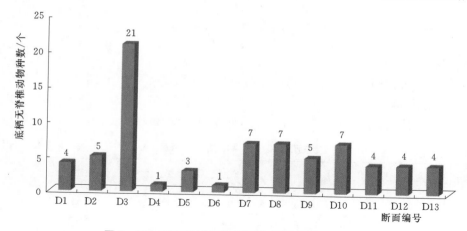

图 6-28　调查水域各监测断面底栖动物种数对比

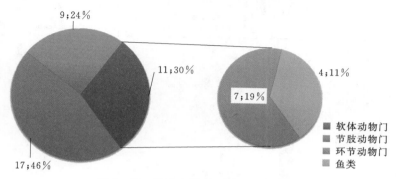

图 6-29　调查水域底栖动物种类组成

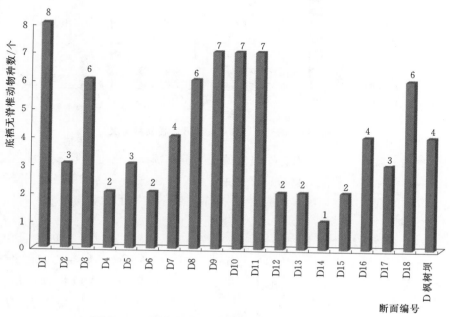

图 6-30　调查水域各监测断面底栖动物种数对比

6.4.2　密度

6.4.2.1　枯水期

调查发现，各监测断面底栖动物密度各有不同，见表6-22和图6-31。其中D3断面底栖动物密度最高，达到1913.33ind./m²；其次是D7断面，达到400.00ind./m²；D10断面第三，达到360.00ind./m²；D4、D6站位最低，仅约6.67ind./m²。

表6-22　　　　　　　　　　　东江流域枯水期底栖动物密度　　　　　　　　单位：ind./m²

类别	采样点													均值
	D1	D2	D3	D4	D5	D6	D7	D8	D9	D10	D11	D12	D14	
环节动物门	3.33	46.67	106.67	0.00	0.00	0.00	280.00	20.00	33.33	153.33	0.00	6.67	0.00	50.00
节肢动物门	56.67	0.00	1560.00	0.00	0.00	0.00	20.00	60.00	93.33	66.67	40.00	13.33	0.00	146.92
软体动物门	36.67	146.67	173.33	6.67	65.00	6.67	80.00	73.33	26.67	133.33	206.67	60.00	80.00	84.23
鱼类	0.00	0.00	73.33	0.00	0.00	0.00	20.00	0.00	0.00	6.67	0.00	0.00	0.00	7.69
合计	96.67	193.33	1913.33	6.67	65.00	6.67	400.00	153.33	153.33	360.00	246.67	80.00	80.00	288.85

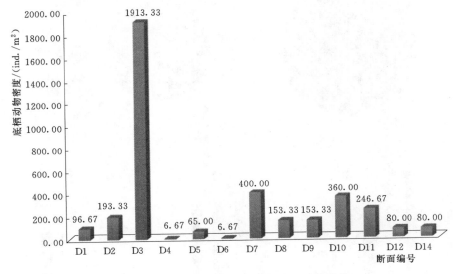

图6-31　调查水域各监测断面底栖动物密度

结合表6-22和图6-31来看，东江流域中上游底栖动物密度高且多以水生昆虫、环节动物门蛭纲、多种类的软体动物等种群为主，而中下游底栖动物密度略有下降，且种群结构以较为单一的软体动物（如淡水壳菜）、环节动物门的寡毛类等物种为主。

6.4.2.2　丰水期

调查发现，各监测站位底栖动物的密度各有不同，见表6-23和图6-32。其中，D13站位底栖动物密度最高，达到95333.33ind./m²，与该断面采集到较多的水丝蚓和颤蚓等寡毛类物种有关；其次是D12断面，达到1126.67ind./m²；D14断面居第三位，达到913.33ind./m²；D3、D5断面的单位密度分别为320.00ind./m²和413.33ind./m²，但是和D13、D12、D14断面相比，底栖动物的密度相对较低。

表 6-23

东江流域丰水期底栖动物密度

单位：ind./m²

类别	D1	D2	D3	D4	D5	D6	D7	D8	D9	D10	D11	D12	D13	D14	D15	D16	D17	D18	D枫树坝	均值
环节动物门	165.00	0.00	0.00	0.00	0.00	0.00	11.11	0.00	13.33	6.67	1.11	0.00	95333.33	0.00	0.00	10.00	0.00	0.00	0.00	5028.45
节肢动物门	0.00	0.00	273.33	0.00	100.00	0.00	4.44	0.00	0.00	46.67	1.11	0.00	0.00	0.00	0.00	0.00	0.00	4.17	13.33	23.32
软体动物门	10.00	100.00	46.67	100.00	313.33	6.67	17.78	141.67	288.89	200.00	85.56	1126.67	0.00	913.33	166.67	600.00	53.33	137.50	20.00	227.79
鱼类	0.00	0.00	0.00	0.00	0.00	0.00	0.00	0.00	0.00	0.00	1.11	0.00	0.00	0.00	27.78	10.00	0.00	0.00	6.67	2.40
合计	175.00	100.00	320.00	100.00	413.33	6.67	33.33	141.67	302.22	253.33	88.89	1126.67	95333.33	913.33	194.44	620.00	53.33	141.67	40.00	5281.96

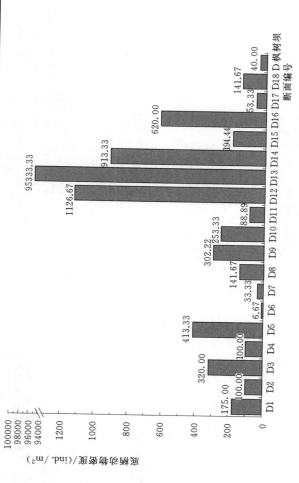

图 6-32 调查水域各监测断面底栖动物密度

结合表 6-23 和图 6-32 来看，东江中上游种群仍以水生昆虫、环节动物门蛭纲、多种类软体动物等为主，中下游底栖动物密度明显增加，但种群结构以较为单一的环节动物门的寡毛类（如水丝蚓、颤蚓）、单一的软体动物（如淡水壳菜）为主。

6.4.3　生物量

6.4.3.1　枯水期

调查发现，各监测站位底栖动物生物量各有不同，见表 6-24 和图 6-33。其中，D10 断面最高，为 19.807g/m²；其次是 D7 断面，为 11.623g/m²；D2 断面第三，达到 7.786g/m²；D4 断面最低，仅约 0.159g/m²。结合表 6-24 和图 6-33 来看，东江中上游断面由于采集到生物量较低的水生昆虫、环节动物门蛭纲等物种，而中下游断面采集到的生物量较高的软体动物数量较多，因而上下游差异明显。

表 6-24　　　　　　　东江流域枯水期底栖动物生物量　　　　　　　单位：g/m²

类别	采样点													均值
	D1	D2	D3	D4	D5	D6	D7	D8	D9	D10	D11	D12	D14	
环节动物门	0.007	2.075	0.322	0.000	0.000	0.000	1.344	0.276	0.153	0.854	0.000	0.056	0.000	0.391
节肢动物门	0.683	0.000	2.688	0.000	0.000	0.000	1.249	1.955	0.067	7.675	2.441	0.927	0.000	1.360
软体动物门	1.119	5.711	3.057	0.159	4.804	3.423	8.243	5.405	0.715	9.797	4.976	2.435	4.467	4.178
鱼类	0.000	0.000	0.343	0.000	0.000	0.000	0.786	0.000	0.000	1.480	0.000	0.000	0.000	0.201
合计	1.809	7.786	6.411	0.159	4.804	3.423	11.623	7.637	0.934	19.807	7.417	3.417	4.467	6.130

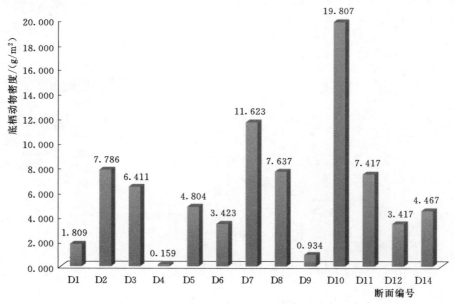

图 6-33　调查水域各监测断面底栖动物生物量

6.4.3.2　丰水期

调查发现，各监测站位底栖动物生物量各有不同，见表 6-25 和图 6-34。其中，D12 断面最高，为 538.63g/m²；其次是 D8 断面，为 395.62g/m²；D9 断面第三，达到 292.42g/m²；

表6-25　东江流域丰水期底栖动物生物量

单位：g/m²

类别	采样点																			均值
	D1	D2	D3	D4	D5	D6	D7	D8	D9	D10	D11	D12	D13	D14	D15	D16	D17	D18	D枫树坝	
环节动物门	0.74	0.00	0.00	0.00	0.00	0.00	0.00	0.00	0.10	0.15	0.00	0.00	185.80	0.00	0.00	0.22	0.00	0.00	0.00	9.84
节肢动物门	0.00	0.00	13.72	0.00	0.87	0.00	0.05	0.00	0.00	35.89	0.13	0.00	0.00	0.00	0.00	0.00	0.00	0.01	0.06	2.67
软体动物门	3.40	11.06	24.90	5.22	17.10	1.42	1.48	395.62	292.32	210.99	48.08	538.63	0.00	136.57	10.48	283.54	88.66	106.95	25.57	115.89
鱼类	0.00	0.00	0.00	0.00	0.00	0.00	0.00	0.00	0.00	0.00	0.03	0.00	0.00	0.00	0.14	0.65	0.00	0.00	0.07	0.05
合计	4.14	11.06	38.62	5.22	17.98	1.42	1.53	395.62	292.42	247.03	48.24	538.63	185.80	136.57	10.62	284.41	88.66	106.96	25.70	128.45

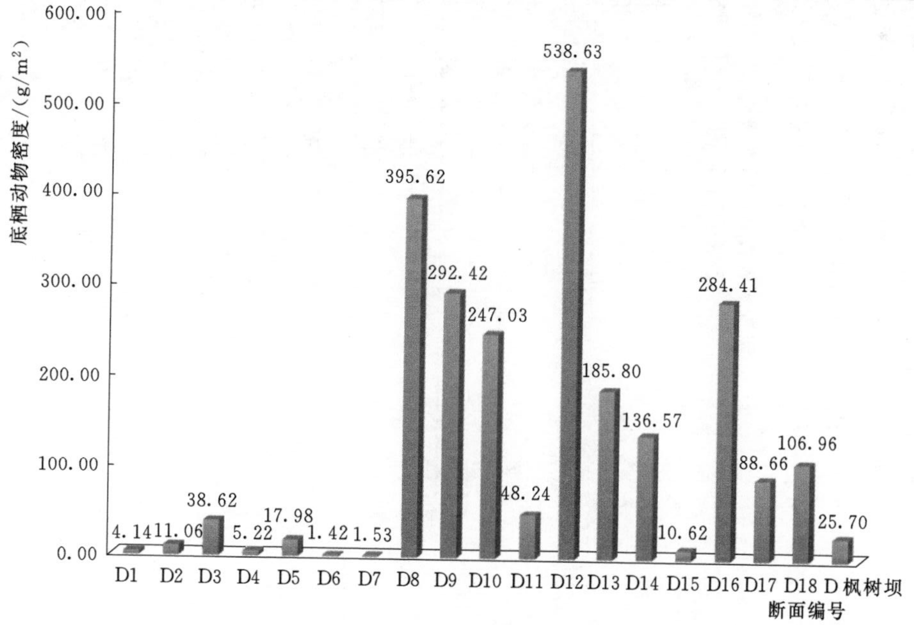

图6-34　调查水域各监测断面底栖动物生物量

D6 断面最低，仅约为 1.42g/m²。结合表 6-25 和图 6-34 来看，东江中上游断面由于采集到生物量较低的水生昆虫、环节动物门蛭纲等物种，生物量总体偏低；而中下游断面采集到的生物量较高的软体动物数量较多，生物量总体较高。此外，D13 断面尽管底栖动物密度最高，但仅为数量占优的水丝蚓、颤蚓物种，因而生物量相对较低。

6.4.4 生物多样性

6.4.4.1 枯水期

通过底栖动物生物多样分析表明，调查水域各站位的生物多样性指数处于中度偏低水平，其中香农-威纳指数为 0～3.47，均值为 1.42；丰富度指数 0～3.53，均值为 1.12；均匀度指数为 0～0.90，均值为 0.56（表 6-26 和图 6-35）。总体来看，除了 D3 断面外，调查水域底栖动物在生物多样性、物种丰富度和种类均匀度方面均处于中度偏低水平。

表 6-26 　　　　　　　　　　调查水域各监测断面底栖动物生物多样性

编号	监测断面	香农-威纳指数 H′	丰富度指数 d	均匀度指数 J′
1	D1	1.47	0.89	0.74
2	D2	1.81	1.19	0.78
3	D3	3.47	3.53	0.79
4	D4	0.00	0.00	0.00
5	D5	0.77	0.78	0.49
6	D6	0.00	0.00	0.00
7	D7	1.47	1.47	0.52
8	D8	2.25	1.91	0.80
9	D9	2.09	1.28	0.90
10	D10	2.43	1.50	0.86
11	D11	1.53	0.83	0.76
12	D12	1.21	1.21	0.60
13	D14	0.00	0.00	0.00
	均值	1.42	1.12	0.56

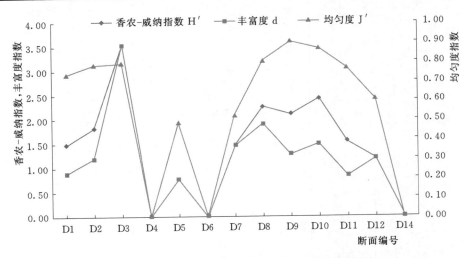

图 6-35 　调查水域各监测断面底栖动物生物多样性

6.4.4.2　丰水期

通过底栖动物生物多样分析表明，调查水域各站位的生物多样性指数处于中度偏低水平，其中香农-威纳指数为 0～2.43，均值仅为 1.26；丰富度指数为 0～1.97，均值为 0.96；均匀度指数为 0～0.96，均值达到 0.63（表 6-27 和图 6-36）。总体来看，除 D1、D8、D10、D18 断面外，调查水域底栖动物在生物多样性、物种丰富度和种类均匀度方面均处于偏低水平。

表 6-27　　　　　　　　　　　　　调查水域各监测断面底栖动物生物多样性

编号	监测断面	香农-威纳指数 H'	丰富度指数 d	均匀度指数 J'
1	D1	2.43	1.97	0.81
2	D2	0.70	0.74	0.44
3	D3	1.97	1.29	0.76
4	D4	0.92	0.40	0.92
5	D5	0.94	0.48	0.59
6	D6	0.92	0.91	0.92
7	D7	1.91	1.11	0.95
8	D8	2.09	1.76	0.81
9	D9	1.60	1.22	0.57
10	D10	2.12	1.65	0.75
11	D11	1.13	1.37	0.40
12	D12	0.09	0.19	0.09
13	D13	0.07	0.10	0.07
14	D14	0.00	0.00	0.00
15	D15	0.59	0.28	0.59
16	D16	1.09	0.73	0.55
17	D17	1.41	0.96	0.89
18	D18	2.11	1.42	0.82
19	D 枫树坝	1.92	1.67	0.96
	均值	1.26	0.96	0.63

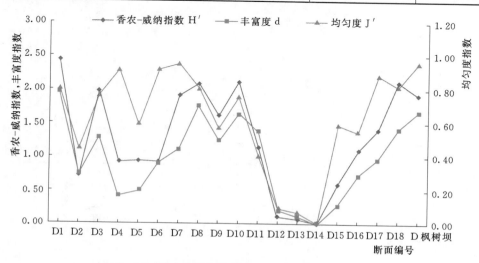

图 6-36　调查水域各监测断面底栖动物生物多样性

6.4.5 现状评价

根据以往研究成果，本次调查采用香农-威纳指数、Margalef 多样性指数（d）、Goodnight-Whitley 修正指数（GBI）、生物学污染指数法（BPI）、BI 指数对调查水域进行综合评判，评价结果见表 6-28 和表 6-29。

表 6-28　　　　　　　　　　东江流域枯水期多种生物指数水质评价

断面编号	H′	H′评价等级	d	d评价等级	GBI	GBI评价等级	BPI	BPI评价等级	BI	BI评价等级
D1	1.47	轻度污染	0.89	中度污染	1.00	清洁	0.20	一般	5.00	清洁
D2	1.81	轻度污染	1.19	轻度污染	1.00	清洁	0.57	轻度污染	6.45	一般
D3	3.47	一般	3.53	清洁	0.95	清洁	0.36	一般	4.71	清洁
D4	0.00	严重污染	0.00	严重污染	1.00	清洁	0.39	一般	9.00	严重污染
D5	0.77	中度污染	0.78	中度污染	1.00	清洁	0.20	一般	8.62	严重污染
D6	0.00	严重污染	0.00	严重污染	1.00	清洁	0.39	一般	6.00	一般
D7	1.47	轻度污染	1.47	轻度污染	0.30	中度污染	0.89	轻度污染	8.23	中度污染
D8	2.25	一般	1.91	轻度污染	0.91	清洁	0.32	一般	7.04	轻度污染
D9	2.09	一般	1.28	轻度污染	0.78	一般	0.70	轻度污染	6.74	轻度污染
D10	2.43	一般	1.50	轻度污染	0.80	一般	0.58	轻度污染	7.61	中度污染
D11	1.53	轻度污染	0.83	中度污染	1.00	清洁	0.12	一般	7.86	中度污染
D12	1.21	轻度污染	1.21	轻度污染	1.00	清洁	0.29	一般	8.33	中度污染
D14	0.00	严重污染	0.00	严重污染	1.00	清洁	0.21	一般	9.00	严重污染

表 6-29　　　　　　　　　　东江流域丰水期多种生物指数水质评价

断面编号	H′	H′评价等级	d	d评价等级	GBI	GBI评价等级	BPI	BPI评价等级	BI	BI评价等级
D1	2.43	一般	1.97	轻度污染	0.50	轻度污染	1.71	中度污染	8.20	中度污染
D2	0.70	中度污染	0.74	中度污染	1.00	清洁	0.20	一般	6.07	一般
D3	1.97	轻度污染	1.29	轻度污染	1.00	清洁	0.12	一般	4.46	清洁
D4	0.92	中度污染	0.40	中度污染	1.00	清洁	0.21	一般	6.00	一般
D5	0.94	中度污染	0.48	中度污染	1.00	清洁	0.10	一般	7.61	中度污染
D6	0.92	中度污染	0.91	中度污染	1.00	清洁	0.30	一般	6.00	一般
D7	1.91	轻度污染	1.11	轻度污染	0.00	严重污染	0.50	轻度污染	7.60	中度污染
D8	2.09	一般	1.76	轻度污染	1.00	清洁	0.19	一般	5.24	清洁
D9	1.60	轻度污染	1.22	轻度污染	1.00	清洁	0.37	一般	7.90	中度污染
D10	2.12	一般	1.65	轻度污染	1.00	清洁	0.12	一般	7.42	轻度污染
D11	1.13	轻度污染	1.37	轻度污染	0.86	清洁	0.20	一般	8.21	中度污染
D12	0.09	中度污染	0.19	中度污染	1.00	清洁	0.12	一般	8.98	严重污染
D13	0.07	中度污染	0.10	中度污染	0.00	严重污染	6.90	严重污染	9.00	严重污染

断面编号	H′	H′评价等级	d	d 评价等级	GBI	GBI 评价等级	BPI	BPI 评价等级	BI	BI 评价等级
D14	0.00	严重污染	0.00	严重污染	1.00	清洁	0.12	一般	9.00	严重污染
D15	0.59	中度污染	0.28	中度污染	1.00	清洁	0.50	轻度污染	7.71	中度污染
D16	1.09	轻度污染	0.73	中度污染	1.00	清洁	0.23	一般	5.90	一般
D17	1.41	轻度污染	0.96	中度污染	1.00	清洁	0.23	一般	7.00	轻度污染
D18	2.11	一般	1.42	轻度污染	1.00	清洁	0.15	一般	7.35	轻度污染
D 枫树坝	1.92	轻度污染	1.67	轻度污染	1.00	清洁	0.23	一般	5.83	一般

6.4.5.1　枯水期

调查结果表明，在枯水期，尽管调查范围涉及东江流域干支流水系，所采集到的底栖动物密度、生物量均较高，但采集到的物种相对单一，底栖动物的生物多样性、物种丰富度均处于中度偏低水平。其中，节肢动物门 17 种、软体动物门 15 种、环节动物门 8 种、鱼类 3 种；调查水域平均密度为 282.69 个/m²，平均生物量为 5.785g/m²。从密度上来看，调查水域节肢动物、软体动物均占优势地位，东江中上游、中下游以及干支流差异较为明显；从生物量来看，软体动物门种类占据明显优势地位，其次是节肢动物门物种。

在枯水期，除 GBI 指数外，香农-威纳指数（H′）、Margalef 多样性指数（d）、生物学污染指数法（BPI）、BI 指数的水质评价结果与实际情况较为一致。结果显示，东江流域水质总体良好，部分区域中度、严重污染；按河段来看，中上游水体总体较好，中下游水体呈恶化趋势。

具体来看，D4、D6、D14 断面均采集到 1 个物种，且为湖沼股蛤（即淡水壳菜），属于污损生物，耐污性高，因而其水体为严重污染。分析认为，D4 断面受上游水坝调度干扰较为频繁；D6 断面受苏雷坝调度干扰且处于县城，又受县城河段水陂抬升，形成静止水体，原有适于底栖动物的生境不断消失；D14 断面处于东江干流下游，流经东莞工业城镇，采集石块均为深黑色，湖沼股蛤壳体亦为黑色。D5 断面处于粤赣交界、斗晏水电站坝下 2km 处，受其调度干扰较大，底栖动物不易形成稳定群落。而 D10 断面在东江与西枝江汇流处，水体嗅觉上微臭，受西枝江污染影响，近岸静水处水葫芦暴发，处于中度污染；D11 断面流经博罗县城，水体嗅觉上微臭，江面及岸带丁坝处水葫芦暴发；D12 断面江面及岸带丁坝处水葫芦暴发，且近岸处护堤块石被淤泥覆盖，呈灰黑色。

6.4.5.2　丰水期

调查结果表明，在丰水期，尽管调查范围涉及东江流域干支流水系，采集到的底栖动物密度、生物量均较高，但采集到的物种相对单一，底栖动物的生物多样性、物种丰富度均处于中度偏低水平。其中，软体动物门 19 种、节肢动物门 11 种、环节动物门 10 种、鱼类 4 种；调查水域平均密度为 5271.43 个/m²，平均生物量为 127.82g/m²。从密度上来看，调查水域中环节动物门的寡毛类、软体动物（湖沼股蛤）均占优势地位，东江中上游、中下游以及干支流差异较为明显；从生物量来看，软体动物门种类占据明显优势地位，其次是环节动物门的寡毛类物种。

在丰水期，除 GBI 指数外，香农-威纳指数（H′）、Margalef 多样性指数（d）、生物学污染指数法（BPI）、BI 指数的水质评价结果与实际情况较为一致。结果显示，东江流域水质总体良好，部分区域中度、严重污染；按河段来看，中上游水体总体较好，中下游水体呈恶化趋势；按干支流来看，大部分支流水系水质相对较好，但石马河水质严重恶化。

具体来看，在上游河段，D1 断面由于采集到一定数量的寡毛类（现场采集时虫体颜色正常），D3 采集到较多的水生昆虫和部分软体动物，D2、D4、D5、D6 断面采集到的种类以软体动物为主，调查水域水质均处于"清洁—中度污染"水平。在中游河段，D7、D8、D9 断面"一般-中度污染"水平；D10、D11、D12、D14 断面大多以采集到软体动物为主，D10 断面还采集到部分水生昆虫，调查水域水质处于"一般-严重污染"水平。在支流，D15、D16、D17、D18 断面大多以采集到软体动物为主，偶有采集到扁蛭和水生昆虫，调查水域的水质总体处于"一般-中度污染"水平，但是 D18 断面河段遭受较为严重的采砂活动，河床严重破碎化；D13 断面仅采集到寡毛类，均为高耐污型的水丝蚓、尾鳃蚓，且采集时通体红色，调查河段淤泥深厚、严重黑臭，水体呈乳白色，沿岸有工厂、城镇生活污水排入，水质处于"严重污染"水平。

综合来看，东江流域干流水质总体良好，其源头、支流水质好于其他河段水质（支流石马河除外）；上游、中游水质好于下游水质。

6.4.6 历史演变分析

6.4.6.1 底栖动物种类组成

从底栖动物种类组成来看，20 世纪 80 年代已经有对东江干流底栖动物进行的调查研究，共检出底栖动物 74 种，2009 年的研究共检出 28 种，2012 年的研究共检出 78 种，本研究中在枯水期和丰水期均检出 37 种（两期次种类略有不同）。与 20 世纪 80 年代相比，底栖种类先是大幅度地下降，后又呈现恢复相近水平。但是底栖动物优势种则由原来的蚬类（Corbicula）、淡水壳菜（即湖沼股蛤，Limnopernalacustris）、铜锈环棱螺（Bellamya sp.）和日本沼虾（Macrobrachium mipponensis）（赖泽兴，1988），逐渐演变为以颤蚓（Tubifex）、摇蚊（Chironomidae）、水丝蚓（Limnodrilus hoffmeisteri）、淡水壳菜（Limnopernalacustris）、蚬类（Corbicula）等占优势，污染指示物种明显增多，表明东江环境呈恶化趋势。

分析认为，种类数量下降主要在于水生昆虫种类的减少，可能是由不同河段的环境条件所致，源头区底质多以石块、细砂为主，水草丰富，水生昆虫多栖息于这类生境。从东江流域上游至下游河床底质由碎石变为细质污泥，缺少了供水生昆虫栖息的稳定底质，致使种类数量减少，而且中下游河道整治导致适宜的底栖生境也发生了改变。软体动物的种数变化与水生昆虫类似，中上游种类较多而至下游明显减少，甚至部分站位仅采集到湖沼股蛤 1 种。而在 2009 年、2012 年的研究中寡毛类（耐污类群）呈相反的趋势，本研究除了丰水期 D1 断面外，种数均较少，但种类密度中下游明显较高。

6.4.6.2 底栖动物密度与生物量

从底栖动物密度来看，本研究以及 2009 年、2012 年东江底栖动物的平均密度以及密度变幅均比 1981 年高，寡毛类以及水生昆虫的平均密度增加明显（尤其是寡毛类），均是过去的几十倍，在支流石马河断面则是过去的上万倍（图6-37）。而软体动物只增加了2倍，但污染指示种数量增加明显。

从底栖动物生物量来看，2012年研究生物量为3.55～16.37，均值为10.36。与之相比，而本研究中枯水期底栖动物生物量明显较低，丰水期则明显较高。分析认为，研究中枯水期采集到的软体动物无论是在数量方面，还是在个体大小方面，均较丰水期偏少或偏小，从而造成了生物量相对较小。

总体来看，东江流域底栖动物在密度和生物量方面均有明显的增加，但主要以耐污性高的污染指示种为主，表明东江水体呈恶化趋势，尤其是中下游河段。东江底栖动物密度对比分析见表6-30。

图6-37　东江支流石马河丰水期 D13断面采集的部分寡毛类样品

表6-30　　　　　　　　　　东江底栖动物密度对比分析

生物指标/项目	1981年	2009年	2012年	2016年枯水期	2016年丰水期
底栖动物种数/ind.	74	28	78	37	37
底栖生物平均密度/(ind./m²)	57	404	368	289	5280
底栖生物密度变幅/(ind./m²)	20～70	26～2167	87～975	0～1840	0～95333*（0～1127）
底栖生物平均生物量/(g/m²)	—	—	10.36	6.13	128.45
底栖生物生物量变幅/(g/m²)	—	—	3.55～16.37	0.16～19.81	1.42～538.63
寡毛类平均密度/(ind./m²)	4	182	320	38	5023
寡毛类密度变幅/(ind./m²)	1～6	0～1840	0～780	0～280	0～95333*（0～95）
软体动物平均密度/(ind./m²)	48	100	—	84	228
软体动物密度变幅/(ind./m²)	20～90	0～1980	—	7～207	0～1127
水生昆虫平均密度/(ind./m²)	7	118		133	20
水生昆虫密度变幅/(ind./m²)	4～13	0～920		0～1560	0～273

注　1. 2016年调查密度已扣除掉所采集到的底栖性鱼类数据。

　　2. ＊表示D13站位采集到寡毛类物种，密度异常，（）内为扣除后的密度。

　　3. 考虑与历史文献数据对比，2016年数据按四舍五入进行了取整。

6.4.6.3　评价分析

根据2011年数据研究发现生物学污染指数（BPI）评价结果与水质理化指标结果吻合度最高，适合东江底栖生物种类以及数量较少的实际情况，更能确切、形象地反映水体污染现状。结合底栖生物指标以及理化指标进行的水质生物学评价显示，东江水质总体良好，部分区域轻度污染。但与20世纪80年代相比，水生生物的种类、优势种、数量均有较大差异，从水质生物学的角度考虑，水体质量有所下降。

根据2013数据研究等分析比较了东江流域2012年底栖动物的Shannon多样性指数、生物指数（BI）和科级生物指数（FBI）3种水质评价方法对东江水质的评价效果。东江干流水质总体良好，源头支流水质好于其他河段水质。但从水质生物学的角度与之前研究相比，底栖生物的群落特征变化较大，物种多样性有所下降，表明区域环境有恶化的趋势。

本次调查表明，除 GBI 指数外，香农-威纳指数（H′）、Margalef 多样性指数（d）、生物学污染指数法（BPI）、BI 指数的水质评价结果与实际情况较为一致。从评价结果来看，东江流域干流水质总体良好，其源头、支流水质好于其他河段水质（支流石马河除外）；上游、中游水质好下游水质和中下游水质。

6.5 东江流域鱼类损失指数

6.5.1 鱼类概况

6.5.1.1 鱼类种类组成

关于东江鱼类，清代乾隆二十八年（1763 年）的《博罗县志》中记载有"鲥、马鱼、鳞鲤、鲫、赤眼鳟、皖、鳊、鲈、金鲤、斑鱼、七星、山花、鲶、鳅、鲢、鳙、鳗、凤尾、塘虱、蓝刀、比目、鲂鲬、沙赞、金鱼"等 25 种鱼类。中国科学院华南热带生物资源综合考察队于 1959 年对东江淡水鱼类做了调查，报道有 50 多种鱼类。郑慈英（1980年）报道东江平鳍鳅科鱼类 5 种，其中有新种 1 种、新亚种 1 种。叶富良等（1991 年）报道，根据 1981—1983 年的调查结果，鱼类共计有 125 种，分属于 11 目 25 科，其中鲱形目 2 科 3 种、鲤形目 1 科 1 种、鳗鲡目 1 科 1 种、鲤形目 3 科 80 种、鲇形目 4 科 13 种、鳉形目 7 科 20 种、颌针鱼目 1 科 1 种、合鳃目 1 科 1 种、鲈形目 7 科 20 种、鲽形目 2 科 2 种、鲀形目 1 科 1 种。在数量比例上鲤科鱼类最多，有 63 种，占东江鱼类总数的 50.4%，构成了东江鱼类的基础；其次是鳅科，10 种，占 7.9%；平鳍鳅科 8 种，占 6.4%；鳘科 8 种，占 6.4%；鰕虎鱼科 7 种，占 5.6%；鲿科 4 种，占 3.2%；塘鳢科 4 种，占 3.2%；其他鱼类 21 种。刘毅等（2011 年）报道，根据 2009 年 9 月—2011 年 3 月调查，东江共采集测量鱼类标本 27138 尾，鉴定出鱼类 85 种，分属于 8 目 22 科 66 属。鱼类种数占 20 世纪 80 年代东江流域调查记录鱼类种数的 68%，其中鲤科鱼类种数最多，共 46 种，占总种数的 54.1%，其次是鳘科，8 种（9.4%），鳅科 7 种（8.2%）。采到的 7 种外来种分别为露斯塔野鲮（*Labeo rohita*）、麦瑞加拉鲮（*Cirrhina mrigala*）、革胡子鲶（*Clariaslazera*）、大口鲇（*Hypostomus plecostomus*）、食蚊鱼（*Gambusia affinis*）、尼罗罗非鱼（*Tilopia nilotica*）、齐氏罗非鱼（*Tilopia zillii*）。东江流域（惠州段）2005—2007 年鱼类种类数为 50 种，2007—2010 年种类数为 67 种，2011—2012 年为 44 种，均以鲤形目鲤科鱼类为主。

6.5.1.2 鱼类区系特点

按照李思忠的划分意见，东江鱼类地理区系划归东洋区华南亚区的珠江分区（李思忠，1981）。但应该指出的是，作为指示性鱼类，珠江分区的鲃亚科和野鲮亚科的数量占鲤科总数的 35.54%，雅罗、鱼丹、鲌、鲴、鮈、鲢等 6 个亚科占鲤科的 48.76%；而东江的鳃亚科和野鳗亚科仅占鲤科的 20%，雅罗、鱼丹、鲌、鲴、鮈、鲢等 6 个亚科占鲤科 63.20%，比较接近浙闽亚区（分别为 20% 和 61.53%），这表明在珠江分区内，不同江河在鱼类区系上具有明显的差异。

6.5.2　鱼类损失指数

2016 年 3 月、7 月在东江流域的寻乌澄江镇新屋村、定南县鹤子镇坳上村、定南县天九镇九曲村古桥、寻乌县斗晏水电站坝下约 2km 处、龙川县苏雷坝水电站下游、东源县黄田镇黄田中学渡口处等地对采用不同渔具渔法（刺网、钓具、鱼笼）捕鱼的渔民进行了走访，查看渔获物，根据需要采集标本；同时，将部分从鱼市场购买的渔民捕捞的野生鱼类制作成标本，为后续鉴定与分析之用。结合《广东淡水鱼类志》《东江鱼类志》《珠江鱼类志》等有关调查材料进行检索、鉴定，调查组认定东江流域现有鱼类 83 种，隶属于 8 目 22 科。按照 1981—1983 年鱼类种类统计，FO＝83，FE＝125，则 FOE＝83/125＝0.66，查表得鱼类损失指数赋分为 48 分。根据河流健康评估采用分级指标评分法，鱼类损失相对较大，已经处于亚健康状态。东江流域鱼类指标健康状态分级见表 6-31。

表 6-31　　　　　　　　　　　东江流域鱼类指标健康状态分级

等级	类型	赋分	说　明
3	亚健康	48	相对历史记录及记载，鱼类损失较大，与文献记录存在中度差异

6.6　生境质量评估

6.6.1　总体生境质量状况

根据生境评价结果显示，在枯水期，所监测的 13 个站位的生境质量处于"优—中差"。依据分级，处于"优、优良"级别的 4 个，占总调查断面数的 30.77%；"良"级别的 5 个，占总断面数的 38.46%；"良中、中"级别的 3 个，占总断面数的 23.08%；"中差"级别的 1 个，占总断面数的 7.69%。总体来看，枯水期东江流域的水生生境质量总体属于"优良—良"水平。东江流域调查断面总体生境质量评估见图 6-38。

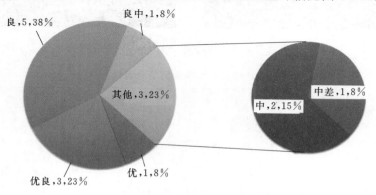

图 6-38　东江流域调查断面总体生境质量评估结果

6.6.2 生境质量分异特征

从河流及水系来看，D1、D2 断面属于干流源头水系，D3、D4 断面属于源头支流水系，D5 断面属于干流上游，D6、D7、D8、D9 断面则属于干流中上游，D10、D11、D12、D14 断面属于干流中下游河段。

从干支流水系来看，支流以及干流中上游断面的生境质量总体优于干流中下游断面。干、支流在河道水流状态、河道蜿蜒程度、河岸稳定性、河岸植被保护、河岸带宽度等参数差异较小；而河床表层生境、河床泥沙镶嵌性、流速深度环境、河床稳定状态和河流形态塑造等参数差异较大，也即干流河道形态结构等方面受到人类活动干扰较为突出。

图 6-39　D2 断面生境现状（竹林、芦苇及灌丛）

从自然—城乡河段对比来看，调查流域中的近自然段河流生境参数全面优于城乡段。其中，除河道水流状态、河道蜿蜒程度、河岸稳定性及河岸带宽度等生境参数特征差异较小外，近自然段的河床表层生境、河床泥沙镶嵌性、流速深度环境、河床稳定状态、河流形态塑造、河岸植被保护等指标差异尤为明显，详见图 6-39、图 6-40、图 6-41 和表 6-32。

图 6-40　D9 断面生境现状

图 6-41　D14 断面生境现状（江面漂浮密集水葫芦）

表 6-32　　　　　　　　　　东江流域枯水期生境质量分异特征

序号	断面编号	调查断面位置	生　境　条　件	生境质量评价
1	D1	寻乌澄江镇新屋村附近	3月30日下午及晚上降雨，形成一定规模的雨洪，水位上升，水略浑浊；河床以基岩、卵石、块石为主，近岸处为淤泥、细沙、上覆有湿地植被；河心洲滩有灌木、芦苇、泽泻等植被覆盖，石表面着生藻类，呈鲜绿色，有细淤泥；河心洲滩形成小缺口，周边农田开发较多，为果木（橙）为主，兼有养殖业；多见固体垃圾、白色垃圾以及腐烂果子堆弃在河边	优良

续表

序号	断面编号	调查断面位置	生 境 条 件	生境质量评价
2	D2	寻乌吉潭镇陈屋坝老桥处	吉潭镇陈尾坝大桥,河较宽阔,河床平缓,以卵石、块石为主,规格以10～30cm为主,岸带竹林带、灌木带,植被覆盖度高,清澈水质、较好、急流、较少漩涡,多贝类、螺类、水蜇等底栖生物	优良
3	D3	定南县鹤子镇坳上村附近	流经安远县鹤子镇坳上村,水体较清澈,浅水处河床卵石清晰可辨,河面较宽阔,河中心区水流较急;近岸处的卵石、块石表面可见藻类,而其底面则有蜉蝣、水蛭、寡毛类等物种;滨岸带植被以乔灌草为主体,如竹林带群落等;初步认为,水质及生态条件较好	优
4	D4	定南县天九镇九曲村古桥	河床以卵石、块石及基岩为主;表面覆有淤泥和着生藻类,近岸陡峭。上游500m处有水坝;河心洲滩(岩石基床)形成小缺水;水体略浑浊、周边生态度假村,餐馆较多,在建道路及跨河大桥	优良
5	D5	寻乌县斗晏水电站坝下约2km处	粤赣缓冲区,水电站内,坝下500m,有拐弯沙滩、急流、水浑黄,透明度极低,岸带形成铺地黍、芦苇、荻等群落。由于急流,底栖物种少。偶尔能见到股蛤	良
6	D6	龙川县苏雷坝水电站下游	龙川县144航标处,苏雷坝处及龙川县城,沿岸大规模开发(左岸:填埋江岸,右岸:房地产开发),水生生境遭遇极大破坏,水体浑浊、发黄、近岸泥沙淤积新生成淤泥覆盖河床;河流水生生境遭受较大影响和人为干扰	中差
7	D7	东源县黄田镇黄田中学渡口处	黄田镇渡口,左岸:着生硅藻,下方人工基地,河心洲边有垃圾,岸带为竹林带与湿地植被;右岸:采底栖,竹林带(竹叶、腐草、淤泥等泥沙),水体浑浊、发黄、透明度较低	良
8	D8	河源临江镇对面临江子环境监测站处	河面宽阔,水流略急,其上漂浮着水葫芦、大藻等漂浮型水生植物;岸带陡峭,近岸有滨江公园,岸带侵蚀严重,偶见倒木;滨岸处有黑藻、狐尾藻等沉水植物,但数量较少。近临江监测站有生活废污水通过小渠汇入,有黑臭味道	良中
9	D9	博罗县泰美镇夏青村处	江面宽阔,有河心洲滩;流速较急,有急流、缓流等多流态,流态多样性较高;近岸处有较短的干砌石丁坝,着生藻类及湿地植被占据一定优势;滨岸带有竹林带群落。存在一定的采砂、挖沙等现象(可能为非法无序偷采);零星分布着水葫芦、大藻等外来入侵物种	良
10	D10	惠州市东江公园内	西枝江汇入东江下游100m处;江面宽阔,流速较急,但总体平缓;江面漂浮着较多的水葫芦、大藻等外来入侵物种;江面有黑色漂浮/悬浮垃圾;大型底栖动物以股蛤较多,水质有向差的趋势	良
11	D11	博罗县博罗大桥上游500m处	博罗大桥处,江面宽阔,河中心区水流较急,建设有人工干砌石丁坝;江左岸大桥上游有较大面积的河漫滩湿地,以芦苇、芦荻、黍等禾本科为主的湿地植物群落;江面、近岸处漂浮和堆积较多水葫芦、大藻等外来入侵物种;近岸处观测到仔鱼,并采集到仔鱼样品	良
12	D12	东莞桥头镇自来水厂、水质监测站附近	东莞水质监测站附近,江面宽阔,河中心带流速较缓,但水葫芦、大藻等也较多地分布在江面、近岸处,水体有一定黑色漂浮/悬浮垃圾,疑为水葫芦根部碎屑;水质略有臭味	中
13	D14	东莞石洲大桥下游约3km	江面宽阔,河中心带流速较缓,但水葫芦、大藻等也较多地分布在江面、近岸处;岸带为人工修整后的滨江公园,仿自然置石;水体有一定黑色漂浮/悬浮垃圾,疑为水葫芦根部碎屑;水质略有臭味。航道和港口作用凸显	中

注 生境质量定性描述按4个等级:优、良、中、差。

7

社会服务功能调查与评价

7.1 调查方式

通过部门调研等方式收集东江干流及重要支流等重要河段的流域开发资料，调查收集《珠江流域水资源保护规划》《东江流域水资源分配方案》以及已经公开发布的水资源公报等相关资料，收集水利水电工程建设情况、供水情况、水资源配置、土地利用情况、GDP 等经济数据、人口、植被情况基本资料。调研东莞、惠州水生态文明城市建设状况，分析水生态文明城市建设的成效与问题。

根据《河流健康评估指标、标准与方法（试点工作用）1.0 版》的调查表模板，在 2016 年 7—10 月选取东江流域政府相关部门人员、专家、沿河公众等，开展了 150 份问卷调查（赣州 30 份、河源 50 份、惠州 30 份、东莞 30 份、深圳 10 份），沿岸民众比例不少于 50%，专家学者比例不少于 5%，进行了统计分析。

公众满意度评估采取发放调查表的方式进行，拟发放 150 份，回收率应达 90% 以上。河流健康评估公众调查表见表 7-1。

表 7-1　　　　　　　　　　　河流健康评估公众调查表

个人基本情况					
姓名		性别		年龄	
文化程度		职业		民族	
住址		联系电话			
河流/水库对个人生活的重要性		与河流/水库的关系	沿河/库居民（河岸以外 1km 以内范围）		
很重要			非沿河/库居民	河道/水库管理者	
较重要				河道/水库周边从事生产活动	
一般				经常来旅游	
不重要				偶尔来旅游	

河流/水库状况评估				
河流/水库水量		河流/水库水质		河/库滩地
太少		清洁	树草状况	河/库滩上的树草太少
还可以		一般		河/库滩上树草数量还可以
太多		比较脏	垃圾堆放	无垃圾堆放
不好判断		太脏		有垃圾堆放
鱼类数量		大鱼	本地鱼类	
数量少很多		重量小很多	你所知道的本地鱼数量和名称	
数量少了一些		重量小了一些	以前有，现在完全没有了	
没有变化		没有变化	以前有，现在部分没有了	
数量多了		重量大了	没有变化	
河流/水库适宜性状况				
河道/水库景观	优美	与河流/水库相关的历史及文化保护程度	历史古迹或文化名胜了解情况	不清楚
	一般			知道一些
	丑陋			比较了解
近水难易程度	容易且安全		历史古迹或文化名胜保护与开发情况	没有保护
	难或不安全			有保护，但不对外开放
散步与娱乐休闲活动	适宜			有保护，也对外开放
	不适宜			
对河流/水库的满意程度调查				
总体评估赋分标准		不满意的原因是什么？	希望的河流/水库状况是什么样的？	
很满意	100			
满意	80～100			
基本满意	60～80			
不满意	30～60			
很不满意	0～30			
总体评估赋分				

7.2　公众满意度调查结果

7.2.1　调查对象统计

1. 调查问卷回收情况

2015 年 7 月东江流域发放公众参与调查问卷 161 份，回收 161 份，回收率达 100%。

2. 调查对象身份情况

在收回的调查问卷中，沿河居民（河岸以外 1km 以内范围）占 53.40%，河道管理者占 2.50%，河道周边从事生产活动者占 36.60%，经常旅游者占 2.50%，偶尔旅游者占 5%。东江流域调查公众身份比例图见图 7-1。

3. 调查对象文化程度

在被调查的公众中，文化程度本科/大专的占 31.70%，高中/中专的占 52.80%，初中的占 11.20%，小学及以下的占 4.30%，见图 7-2。

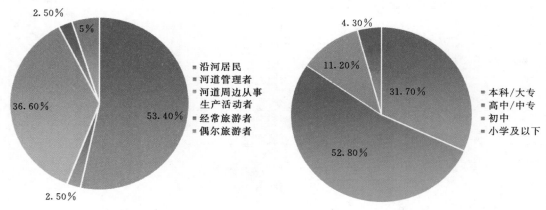

图 7-1　东江流域调查公众身份比例图　　　图 7-2　东江流域调查公众文化程度比例图

4. 调查对象职业特征

在被调查对象中，水利相关工作人员占 5.60%，主要来自水利局，其他为企业职工（11.80%）、学生（6.80%）、医生（3.70%）、老师（4.30%）、警察（1.20%）、其他（66.60%）等，见图 7-3。

5. 调查对象年龄特征

调查对象的年龄在 51 岁以上的占 1.90%，41～50 岁的占 11.80%，31～40 岁的占 40.40%，30 岁以下的占 45.90%，见图 7-4。

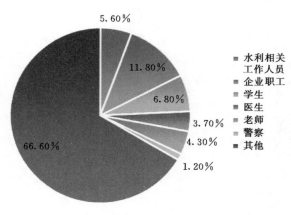
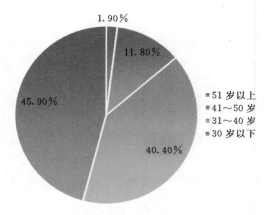

图 7-3　东江流域调查对象职业特征比例图　　　图 7-4　东江流域调查对象年龄特征比例图

7.2.2 调查问题统计分析

1. 河流对个人生活的重要性

在被调查的公众中，认为河流对个人生活很重要的占 63.40%，认为较重要的占 35.40%，认为重要性一般的占 1.20%，见图 7-5。

2. 河流状况评估

（1）河流水量。在被调查的公众中，认为河流水量太少的占 4.30%，认为水量还可以的占 86.30%，认为水量太多的占 1.20%，觉得不好判断的占 8.20%，见图 7-6。

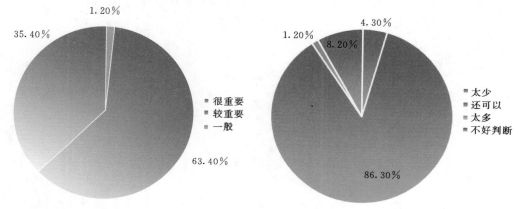

图 7-5　东江调查对象评估河流重要性比例图　　图 7-6　东江调查对象评估水量比例图

（2）河流水质。在被调查的公众中，认为河流水质清洁的占 18%，认为水质一般的占 55%，认为水质比较脏的占 24%，认为水质太脏的占 3%，见图 7-7。

（3）河滩上的树草状况。在被调查的公众中，认为河滩上的树草数量还可以的占 67%，认为河滩上的树草太少的占 30%，见图 7-8。

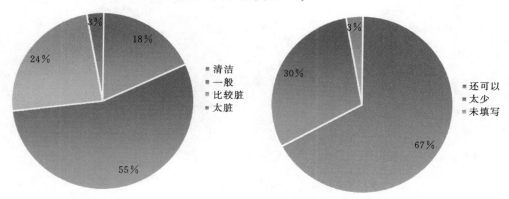

图 7-7　东江调查对象评估水质比例图　图 7-8　东江调查对象评估河滩上的树草状况比例图

（4）河滩上的垃圾堆放状况。在被调查的公众中，认为河滩上有垃圾堆放的占 70%，认为没有垃圾堆放的占 29%，见图 7-9。

（5）鱼类数量状况。在被调查的公众中，认为鱼类数量少很多的占 24%，认为数量少了一些的占 53%，认为数量没有变化的占 15%，认为数量多了的占 6%，见图 7-10。

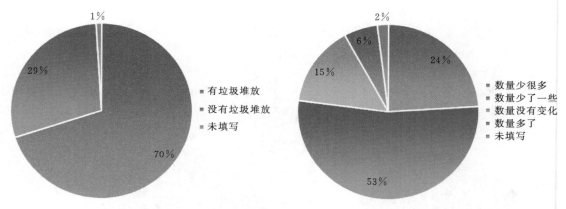

图 7-9　东江调查对象评估河滩上的垃圾堆放　　　　图 7-10　东江调查对象评估鱼类数量
　　　　　状况比例图　　　　　　　　　　　　　　　　　　　　状况比例图

（6）大鱼重量状况。在被调查的公众中，认为大鱼重量小很多的占 22%，认为重量小了一些的占 53%，认为重量没有变化的占 19%，认为重量大了的占 3%，见图 7-11。

（7）本地鱼类状况。在被调查的公众中，有 18% 的人知道的本地鱼名称，包括鲤鱼、鲫鱼、赤眼鳟、黄尾鲴、鲮、大眼鳜、尖头塘鳢、鲶鱼、青鱼、黄鳝骨鱼、毛骨鱼、鳙鱼、桂鱼、泥鳅等。被调查的公众有 43% 的人认为某些本地鱼类以前有，现在部分没有了；有 8% 的人认为某些本地鱼类以前有，现在完全没有了；有 29% 的人认为本地鱼的种类没有变化，见图 7-12。

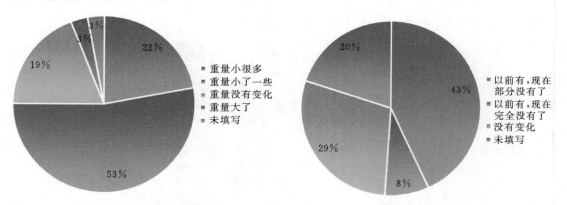

图 7-11　东江调查对象评估大鱼重量状况比例图　　图 7-12　东江调查对象评估本地鱼类状况比例图

3. 河流适宜性状况

（1）河道景观。在被调查的公众中，认为河道景观优美的占 40%，认为河道景观一般的占 58%，认为河道景观丑陋的占 2%，见图 7-13。

（2）近水难易程度。在被调查的公众中，认为河流近水容易且安全的占 66%，认为河流近水难或不安全的占 34%，见图 7-14。

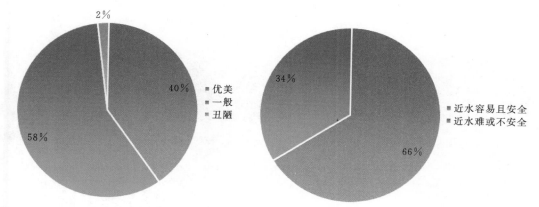

图 7-13　东江调查对象评估河道景观比例图　　图 7-14　东江调查对象评估近水难易程度比例图

（3）散步与娱乐休闲活动。在被调查的公众中，认为东江适宜散步与娱乐休闲活动的占 90%，认为不适宜的占 10%，见图 7-15。

4. 与河流相关的历史及文化保护程度

（1）历史古迹或文化名胜了解情况。在被调查的公众中，57% 的人知道一些与东江相关的历史古迹或文化名胜，12% 的人比较了解，31% 的人不清楚，见图 7-16。

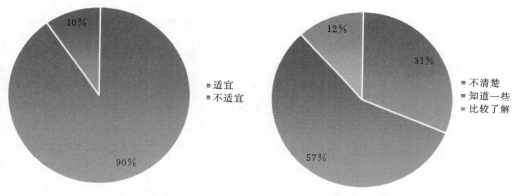

图 7-15　东江调查对象评估散步与娱乐　　　图 7-16　东江调查对象对历史古迹
　　　　　休闲活动比例图　　　　　　　　　　　　　了解情况比例图

（2）历史古迹或文化名胜保护与开发情况。在被调查的公众中，71% 的人认为与东江相关的历史古迹或文化名胜有受到保护也对外开放，16% 的人认为有保护但不对外开放，11% 的人认为没有受到保护，见图 7-17。

5. 对河流的满意程度

东江被调查的公众对东江流域现状很满意的占 7%，满意的占 42%，基本满意的占 43%，不满意的占 7%，很不满意的占 1%。不满意的原因是水质较差，河中水生动物数量逐年减少；环境管理不到位，很多污水未经处理直接向河中排放；缺乏整体规划，相关配套设施不完善。公众希望的河流状况是水质较好，水中鱼类丰富；保持水质清洁，河岸及河库动植物多样性，相关管理规范化；居民聚集的水源附近加强环境管理，加强河岸边的生态建设，多植树种草等，见图 7 – 18。

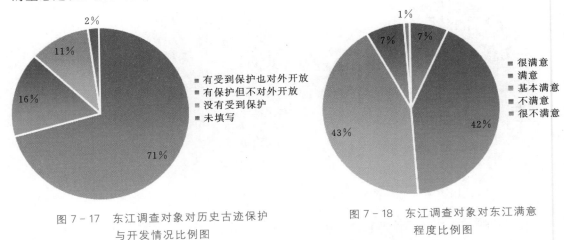

图 7 – 17　东江调查对象对历史古迹保护　　　　图 7 – 18　东江调查对象对东江满意
　　　　　　与开发情况比例图　　　　　　　　　　　　　　程度比例图

7.3　水生态文明城市调研

　　水生态文明城市建设是以水资源可持续利用、水生态体系完整、水生态环境优美、水文化底蕴深厚为主要内容的水生态文明，是生态文明建设的资源基础、重要载体和显著标志；河湖健康评估是实行最严格水资源管理制度的重要保证，有效地推动河湖健康评估可以促进水生态文明城市建设工作的顺利进行。

　　河湖健康是建设流域水生态文明的目标之一，水生态文明建设本身也是改善民生提高人民福祉的重要工作。流域水情不同，社会经济发展和水资源的承载负荷差异也很大，因此，水生态文明建设更应侧重于对人类水行为的规范和约束，包括用水总量控制、效益和效率、再生及循环利用、管理制度体系、监督监控和计量、污染削减与排放、水文化挖掘、爱水护水意识培育等。这些是水生态文明的核心工作，河湖修复也是水生态文明建设的内容，目的也是恢复河流生命力，把人类对河湖的干扰退回来，弥补历史欠账，如以前开展的退田还湖等。

　　东江流域沿岸城市东莞、惠州分别于 2013 年、2014 年列入全国水生态文明城市建设试点市，为推进东江流域河湖健康评估与水生态文明城市建设之间的联动，课题组于2016 年 9—10 月期间调研了东莞、惠州水生态文明城市建设状况。

7.3.1　东莞市水生态文明城市建设

　　东莞是珠三角河网地区的沿海城市，境内水系发达，大小河流众多，境内河网密度达0.33km/km²。市内河流属珠江水系，主要有东江流域（东莞市部分）、东江三角洲网河区、石马河、寒溪水、东引运河、茅洲河流域和珠江河口。

　　作为中国改革开放的先行区，东莞曾一度存在水污染严重、水生态环境遭受破坏等问题。近年来，东莞市在水环境治理与生态修复方面做了大量的工作，取得了一定实效。目前，东莞市正在实施经济社会转型升级，已划入国家级优化开发区域珠三角核心区，功能定位为以优化提升以及参与国际竞争为主要发展方向，建设成为全国重要的现代制造业名城、适宜创新创业安居乐业的生态城市、珠三角新兴物流城市。东莞市将通过开展水生态文明城市建设试点工作，实施"东治、中联、西合"战略，建设东部石马河片水污染防治功能区、中部沿海片水源保护功能区、西部水乡片景观生态功能区，实现"水通、水清、水动、水美、水兴、水合"的"六水"目标，打造"河畅、水清、岸绿、景美"的岭南水乡风貌。

7.3.1.1　试点工作进展情况

1. 落实最严格的水资源管理制度

严格取用水管理，施行用水计划和取水许可制度，不断完善取水及水质监控体系，组织编制了《东莞市水资源分配方案》；建立了镇街贯彻落实最严格水资源管理工作考核制度，先后下发了《东莞市实行最严格水资源管理制度考核暂行办法》和《东莞市最严格水资源管理制度实施方案》，全面完成了对东莞市内各镇街"三条红线"控制指标的分解，实行考核结果与项目审批、落实等情况挂钩；建立了水功能区纳污总量控制制度和监测机制，严格入河排污口设置审批制度，组织编制了重点入河排污口排放达标考核方案，加强入河排污口联合监管，编制了入河排污口削减资金补贴实施细则，有效地指导、激励各镇街（园区）推进入河排污口削减工作。

2. 不断完善政策法规体系，大力推进科学治水、依法管水

东莞市先后下发了《东莞市污水处理征收费管理办法》《东莞市水务局行政处罚自由裁量标准》《东莞市水务局水务信息化建设管理暂行办法》《东莞市水务局水务工程建设管理办法》《东莞市城市供水管理办法》《东莞市实行最严格水资源管理制度考核暂行办法》《东莞市最严格水资源管理制度实施方案》《东莞市节约用水管理规定》《东莞市水资源管理体制机制改革试点方案》《东莞市建立健全基层水务管理和服务体系实施方案》《东莞市"河长制"实施细则》《东莞市水库"河长制"实施方案》《加快推进全市水污染治理工作（2015—2017）行动计划》等一系列水资源管理的政策法规文件，水管理法规制度体系初步形成。

3. 进一步深入推进城乡水务一体化管理

东莞市水务局在完成市级水务一体化改革的基础上，推动 13 个中心镇设立了农林（市政）水务局。此外，根据东莞市委、市政府出台的《东莞市水资源管理体制机制改革试点方案》和《东莞市建立健全基层水务管理和服务体系实施方案》要求，全市其他镇街水务一体化进程也在逐步推进。

4. 推行"河长制"的河湖水污染防治制度

东莞市创新性地提出了流域分段进行管理的"河长制"。制定实施了《东莞市"河长制"实施方案》和《东莞市"河长制"实施细则》，按照"分步实施"的原则，明确"河长制"实施对象、范围、任务和目标。以控制增量、减少总量为目标，以跨镇断面水质改善和污染总量减排作为考核依据，对"河长"全面实行目标责任考核，并于 2014 年在石马河、茅洲河、水乡经济区等重点区域全面推行"河长制"。在实施"河长制"的基础上，

还草拟了"涌长制"实施方案，全面推进流域污染整治。

5. 实施有利于水环境保护的经济政策

逐步建立"两高一低"企业的退出机制，引导并鼓励"高耗能、高污染、低产出"的企业退出生产，给予一定的奖励资金作为补偿，从源头上减少这些企业对水资源造成的污染。目前已出台了《东莞市鼓励水乡特色发展经济区"两高一低"造纸企业提前退出奖励专项资金暂行办法》（东财〔2014〕385号），奖励资金从中央示范专项资金扣除，余下部分由市与镇街按9∶1的比例负担。目前准备对34家造纸企业的预拨款进行预拨安排。

6. 加快石马河流域污染整治

制定并印发了《东莞市2015年度石马河污染综合整治工作方案》，积极开展污水处理厂及截污管网等污水处理设施的建设。观澜河-石马河流域7个镇12家污水处理厂及配套截污主干管网工程已全部建成并投入运行；截污次支管网全面开展前期工作，部分镇街正在招投标中，在2015年11月底全面开工建设，在试点期内完成石马河流域内200km截污次支管网建设。

7. 紧抓污水处理厂建设

在试点期内，拟新建、扩建污水处理厂9家，提升污水处理能力共计71万t/d。目前，石碣沙腰污水处理厂扩建工程已完成主体工程建设，现已通水调试，配套管网工程完成工程量的88%，累计完成投资15832万元，占总投资的85.1%；松山湖北部污水处理厂二期工程于2015年3月9日动工建设，目前已完成总工程的65%，累计完成投资1842万元，占总投资的23.0%；谢岗污水处理厂二期工程于2015年4月14日进场施工，已完成生化池桩基础工程，配套管网正在筹备进场施工，累计完成投资1928万元，占总投资的21.1%；桥头污水处理厂二期及配套管网工程，已完成总工程量的18.7%，配套管网工程完成6%，累计完成投资1205万元，占总投资的11.8%。

8. 推进截污次支管网建设

2015年东莞市投资28亿元实施400km截污次支管网工程（包括石马河流域200km、水乡地区150km和厚街、虎门、长安50km），之后3年内再投资26亿元建设不少于400km的截污次支管网；加强截污管网运行管理，排查解决雨水管渠、截污主干管网及次支管网之间的混接、错接、漏接问题，提高污水收集率；推进厂管一体化建设，着力打破截污管网市镇分割、厂管分离的局面，逐步建立全市污水处理厂与截污管网一体化格局。

9. 推进重点流域河道整治

制定并印发了《东莞市茅洲河流域污染综合整治工作方案》以及《东莞市2014年茅洲河污染综合整治工作方案》，开展了茅洲河界河段综合整治工程前期立项报批工作；挂影洲围中心涌水环境综合整治示范工程水利部分累计完成投资23862万元（包含征地拆迁费用），完成总工程量的62%；全国中小河流治理重点县综合整治及水系连通试点21个项目中，中堂镇4个项目区竣工验收，麻涌3个项目区及沙田-2项目区等4个项目区开工建设，沙田-1、道滘、谢岗及虎门-2共4项目区均已完成立项和初步设计工作，另外9个项目区处于可研立项等不同阶段。

10. 统筹推进全市各镇街内河涌整治

根据南粤水更清行动计划的工作安排，在试点期内，东莞市全面部署"各镇街每年整治一条以上污染较重河涌"的工作，于2014年出台了《东莞市内河涌综合整治工作实施方案》《东莞市内河涌综合整治技术导则（试行）》和《东莞市各镇街内河涌综合治理工作指引（试行）》。2015年，东莞市33个镇街（园区）整治38条内河涌（排渠），整治总长度超过82.5km，投资总额约为8.8亿元，整治措施主要包括：截污、清淤、河道垃圾清理、护坡整治等。截至目前，实际完成投资额1.6亿元，占总投资的18%，其中，7条内河涌完成整治任务，16条正在开展整治工作，其余25条正在办理前期审批手续。

11. 开展小海河水体修复试点工程

试点期内拟开展河道清淤3.2km、淤泥固化、水体修复及河道修复等相关工程建设，总投资约为5845万元。目前该工程已全部完工，待最后竣工验收。

12. 强化东江水源保护

完成并印发了《东莞市全国重要饮用水水源地安全保障达标建设实施方案》，初步建成了东深供水东江桥头水源地和东江南支流水源地等国家级重要饮用水水源地安全保障体系，在东江水源地设置"水源保护区"和"水源卫生防护告示"等告示牌71块，建设围栏1228m；对东江沿线实施复绿和补绿工程，面积累计达到13000m²，绿化覆盖率达到90%以上；同时在东江南支流水源地建设东城水厂水质自动监测站，对饮用水水源地水质实施自动在线监测，确保饮用水的水质安全。

13. 推进东江与水库联网供水工程建设

工程自2007年开工建设以来已投入21亿元用于一期工程建设。一期工程已于2015年4月建成通水，实现了东江与松木山水库的连通。同时，水源配置二期工程（松木山水库至同沙水库连通工程）已完成前期论证并得到市政府同意工作，目前正在开展前期工作。

14. 推进石马河河口东江水源保护前期工作

石马河河口东江水源保护一期工程可行性研究报告已通过广东省水利厅的技术审查；水保、环评、社会稳定风险评估以及用地预审等前期申请立项手续已全部完成，报广东省发展改革委申请立项审批，广东省水利厅已初步确定工程资金分摊方案，待省政府批准后执行。

15. 推进水源保护工程建设

重点推进同沙水库水污染综合整治。其中，尾水排放及环库截污工程中的污水处理站、提升泵站已基本建成，管网完成20km（总共21.3km），占总工程量的94%，累计完成投资1.64亿元（总投资约2.6亿元）；同沙水库雨季溢流污水处理工程，主要包括初期雨污水处理工程、湖滨带、生态浮岛、梁家庄小点工程等，已完成总工程量的98%，完成投资4058万元。

16. 龙湾湿地工程建设

龙湾湿地公园是东莞市水乡统筹发展重点打造的十个示范片区之一，核心区范围为19hm²，总投资约为3.7亿元，包括市政配套工程和滨河景观工程两部分。市政配套工程主要包括：5条市政道路（总长7km），环城路桥底停车场（约450个车位），景观河涌改造以及排涝站等建设，滨河景观工程主要包括：演绎中心广场、临水步道、休闲园路、自行车道、公共厕所、龙湾岛绿化改造等园林景观设施。目前，该工程已全面完工。

17. 华阳湖湿地公园示范片区建设

华阳湖湿地公园示范片区以华阳湖湿地公园为中心，通过水上绿道连接环绕的 16km² 区域为华阳湖湿地公园示范片区，总投资 2.11 亿元。2014 年，东莞市按照水乡片经济区规划，对该地块进行生态修复，通过开展河道的走向改造、清淤、河堤绿化美化建设等整治工程，打造融休闲旅游、农耕体验、科普文化认知和城市生态功能保障等多功能于一体的岭南水乡湿地旅游区。目前，该示范区建设已全面完工。

18. 水乡特色村建设

东莞市水乡片区根据水乡景观布局要求，结合自身村落文化特点，对重点村落进行特色改造。其中，麻涌镇新基村利用市建设特色村的优惠政策，融入麻涌的龙舟、祠堂、凉棚及曲艺等文化元素，以改善整个新基水系水质、修葺历史建筑为主线，按照水乡特色标准进行一河两岸升级改造，打造独具特色的岭南新水乡风貌。新基村特色村落项目总投资 4697 万元（含次支管网工程）已全部完工。此外望牛墩扶涌村、洪梅镇梅沙村、道滘镇大罗沙村也已完成特色村建设，中堂镇湛翠村特色村建设完成工程量的 90% 以上。

7.3.1.2　试点建设取得的成效

1. 最严格水资源管理制度初显成效

东莞市以水生态文明城市建设为契机，深入贯彻落实最严格水资源管理制度，严格控制用水总量，2014 年全市用水总量为 20.64 亿 m³（包含微咸水），较 2011 年的 21.7 亿 m³ 降低 4.9%，远低于三条红线控制水量 23.5 亿 m³；用水效率显著提高，万元工业增加值用水量 28.7m³，较 2011 年 40.6m³ 下降了 29%；工业用水重复利用率 84.16%，较 2011 年的 31.2% 提高了 1.7 倍；水功能区水质达标率稳步上升，由 2011 年的 51% 上升为 2014 年的 71.4%。

2. 水生态环境改善效果明显

通过一系列水污染防治工程和水生态保护工程的实施，东莞市水生态环境改善效果明显。东江东莞段水质稳定保持在地表水环境质量标准Ⅱ类～Ⅲ类；主要河流水质继续保持逐年改善趋势，东莞运河的污染程度明显减轻，水功能区水质达标率由 2011 年的 51% 上升为 2014 年的 71.4%。通过一系列水体联通工程的实施，提高了水系的完整性和水体的流动性，使水生态恶化趋势得到遏制，水土流失得到有效治理，水生物的多样性得到保护，区域生态环境有所改善。

3. 供水保证率进一步提高，洪涝灾害损失降低

通过系统合理的水安全体系建设，城镇供水保证率进一步提高，由 2011 年的 75% 提高到 2014 年的 95%；江海堤防体系进一步完善，三防指挥系统和应急管理机制、应急抢险物资储备体系进一步健全，全市内涝治理力度进一步加强，洪涝灾害的损失系数降低到 0.28%，人民群众的生命财产安全得到更充分的保障。

4. 水务一体化管理体制逐步健全

通过水生态文明试点城市建设，东莞市深入推进城乡水务一体化管理，目前已完成

13个中心镇农林（市政）水务局的组建工作。水务一体化管理可以实现对水资源的统一管理，使整个水源、水网、水质、水量、地下水、地表水形成一个统一管理的网络，真正做到水资源统一规划、统一调度、统一建设和统一管理，更有效地统筹好城乡防洪、供水、排水、治污工作。

5. 涉水旅游和休闲产业健康发展

通过东莞生态园、龙湾湿地公园以及水乡特色村等工程的建设，打造优美的水景观，传承岭南特色的水文化，提升了东莞市的城市品位，吸引更多的游客来东莞市观光旅游，促进旅游业的进一步发展，使涉水旅游和休闲产业成为东莞市新一轮经济快速发展的增长点。

6. 水生态文明理念深入人心

通过水生态文明理念宣传教育，市民对东莞市水生态文明城市建设的认知得到提高，形成群众自觉参与、监督的良好社会风尚，水生态理念深入人心，亲水、爱水、惜水、护水的水文化得到传承。

7.3.1.3 试点先进做法和经验

1. 在拓宽资金保障途径中率先引入 PPP 模式

东莞市以创建水生态文明试点城市为契机，积极引入政府与社会资本合作模式（简称PPP模式），鼓励社会资本参与基础设施和公共服务项目的投资、建设和运营，分担市财政资金压力，顺利推进东莞市水生态文明建设。例如：目前东莞市政府已批复同意选取已完成立项的虎门、麻涌、石碣、樟木头、凤岗、塘厦、谢岗、清溪、桥头等9镇的截污次支管网工程作为"东莞市水生态建设项目一期工程"试点，对其建设和运营采用PPP模式开展有关工作，采购预算合计22.49亿元。通过PPP模式的实际探索与经验总结，为日后城市水务工程建设提供参考。

2. 推行"河长制"和"库长制"的河湖水环境保护制度

东莞市积极推行"河长制"和"库长制"，制定实施了《东莞市"河长制"实施方案》和《东莞市"河长制"实施细则》，明确"河长制"实施对象、范围、任务和目标，对"河长"全面实行目标责任考核，于2014年在石马河、茅洲河、水乡经济区等重点区域全面推行"河长制"。在实施"河长制"的基础上，又进一步推行了"库长制"，于2015年7月下发了《东莞市主要水库"库长制"实施方案》，明确了"库长"的主要任务和职责。"河长制"和"库长制"是东莞市对河流水库水环境保护长效机制和生态环境长官负责制的有效探索，对东莞市水生态文明城市的创建起到了重要的推动作用。

3. 以打造水乡片区为抓手，凸显特色和示范引领

东莞市针对水乡特色发展经济区提出了"六水"治水总体思路，即"水通""水动""水清""水美""水合""水兴"，充分体现了尊重自然，人水和谐的基本原则，保持了"水系的完整性、水体的流动性、水质的良好性、水生物的多样性、水文化的传承性"，凸显了东莞市岭南水乡的特色风情。目前东莞市已完成了部分河涌的内河涌综合整治、水系连通、人工湿地和景观提升工程的建设，包括龙湾湿地工程建设、华阳湖湿地公园示范片区建设和水乡特色村建设打造等项目，为水乡片注入了新的活力。昔日又黑又臭、人见人怕的臭河涌脱胎换骨，一跃成为靓丽的风景线；湿地公园，水边绿道，水上游船等久违的岭南水乡风貌，有效地提高了城市品位和文明程度。

4. 江库联网工程在建设过程中运用"六大创新"

东莞市在水生态文明建设过程中始终把密切关系民生的项目放到首位，重点推动供水安全建设，通过东江与水库联网供水水源工程建设，将供水保证率从75%提高到95%，使东莞市供水安全得到有效保障，对维持社会和谐稳定发展具有重要意义。江库联网工程在建设过程中实现了"六大创新"。一是创新设计理念。输水线路充分结合市政道路、护岸、湿地、绿道的规划，与周边环境融为一体，花园式的泵站和管理楼，凸显绿色环保的建设理念。二是创新施工技术。工程采用复杂地质小断面隧洞施工技术（获2012年广东省建筑业新技术应用示范工程奖）、河道安装双排重型管道止水及施工技术、复杂地质大口径顶管施工技术和临江深大基坑支护技术，成功解决隧道开挖、河道施工、顶管施工等技术难题。三是创新施工材料。工程大量采用经济性好、防渗性能佳、运行费用低、使用寿命长的PCCP管，管径达3m以上，管长达55000m；四是创新供水设备。工程采用了高效能水泵配套变频技术，将传统的三级泵站优化为两级泵站，泵组根据东江不同水位调节流量，以获得最佳的运营条件；五是创新用地方法。工程采用征地、永久补偿、租地、通过权等4种方法，节省了大量用地，有效地解决了工程用地难的问题；六是创新项目管理。工程大胆地借助现代科技信息手段对施工现场安全、质量和进度全天候地动态监控；全线采用自动化技术和通信技术，实现远程控制和监控。

5. 狠抓宣传教育，形成全民参与的社会氛围

水生态文明城市建设是改善人居环境，增强城市活力，实现人、水、城和谐发展的资源基础、重要载体和显著标志。东莞市不断通过制度创新、媒体报道、科普展览、全民参与等方式开展广泛深入的社会宣传教育和全方位的舆论引导，使广大市民充分认识创建国家水生态文明城市的必要性、重要性和紧迫性，明确创建目标，激发创建热情，增添创建信心，鼓励社会公众广泛参与，提高珍惜水资源、保护水生态的自觉性。全民参与的社会氛围是水生态文明建设最强有力的支持和推进动力。

7.3.2 惠州市水生态文明城市建设

惠州市的水生态文明建设突出了水环境综合治理与水生态修复，通过"保障水安全、提升水环境、修复水生态、严格水管理、弘扬水文化"五位一体的工程措施与非工程措施，建成"山、海、河、湖、湿地"融于一体，具有惠州特色的水生态文明。

自2014年5月20日被水利部确定为第二批全国水生态文明城市建设试点以来，惠州市政府于2014年12月23日建立了惠州市水生态文明城市建设试点工作联席会议制度，召开动员会议和联席会议，全面部署各项工作，要求全市各级、各相关部门按照试点实施方案和三年行动计划全力推进水生态文明城市建设各项工作。

以示范工程为实施重点，扎实推进水生态文明建设。按照惠州市委、市政府的工作部署，各县（区）、各部门认真履行各自职责，扎实推进列入水生态文明城市建设试点实施方案及三年试点期的项目建设。据汇总各部门上报的项目进展情况，截至目前，大部分项目进展顺利，列入三年试点期建设的64个项目已完成14项、即将完成7项、按计划推进32项，累计完成投资30亿元，占试点期总投资的40%。

7.3.2.1 试点工作进展情况

1. 堤防达标加固与排涝工程

马安围平马围合围安全加固工程完成 21.1km 堤身填筑、10.4km 沥青路面和 4.1km 混凝土路面铺设；所属的排涝站项目也基本完成主体建设，正在抓好收尾工作。惠州大堤（南堤）堤路贯通工程已基本建成紫金村至大瑞坑堤段约 8km 的堤身路基，基本完成学田山排涝站主体工程和沙墩头排涝站的进口段桩基工程等施工，试点期完成投资约 5.31 亿元。博罗县东江大堤南堤（附城堤）除险加固工程已完成可研编制，已报广东省发展改革委待立项。市属新建惠城区丰大塘二级电排站基本完成水下结构工程和厂房等主体建筑工程。潼湖东岸泵站重建工程已按批复的建设内容全部完成工程建设，完成比例为 100％。惠城区排沙河排涝站改建项目已恢复堤围并完善了堤顶临时道路及安全防护。博罗县罗阳排涝站完成单位工程验收，完成投资 100％；北冲口电排站扩容工程已完成机电设备安装，完成投资 90％；中岗电排站扩容工程完成分部工程验收，完成年度投资 100％。总体上，重点除涝工程基本达到年度计划要求。

2. 稔平半岛供水工程

该项目总投资约 12 亿元，2015 年 4 月 16 日正式获广东省发展改革委批复立项，省级补助资金 1.585 亿元已经到位，2015 年 10 月争取到国家开发银行专项资金 1.26 亿元。该项目于 2015 年 11 月 3 日正式动工建设，目前完成投资约 2.96 亿元，占试点期投资额的 77.5％。

3. 村村通自来水工程

惠州市计划在 2017 年底完成惠城区、惠阳区、惠东县、博罗县、龙门县和仲恺高新区 6 个县（区）村村通自来水工程建设。工程建设任务涉及 6 个县（区）城区以外的全部农村地区，覆盖 63 个镇 796 个行政村，实现供水到户，解决农村未通自来水和已通自来水未达标人口共 129.49 万人的饮水问题，受益人口为 240.69 万人，规划总投资 22.2 亿元。其中，2016 年度计划完成投资 5.44 亿元，实施 197 个行政村通自来水工程建设，实现通水到户。目前，惠东、博罗、龙门县的省级贫困村项目已全面动工；惠城、惠阳、仲恺区部分村村通项目已动工，累计完成投资 6772 万元，年度投资完成率约为 11.7％。

4. 惠城中心区主要河涌水环境综合整治

惠城中心区主要河涌水环境综合整治是惠州市水生态文明建设的核心任务之一，其中，金山河、青年河、望江沥、洛塘渠和大湖溪沥 5 条河涌作为试点期建设的示范任务。目前，金山河、青年河整治工程已建成；望江沥水环境综合整治工程全长 5.5km，总投资约为 10.64 亿元，于 2015 年 3 月动工，目前正在进行补水泵站和已交地段的河道施工。洛塘渠水环境治理项目于 2015 年 11 月动工建设，目前已全部完成湖东一路牵引管施工 1.5km；大湖溪沥整治工程已完成项目立项，正在进行初步设计报批工作。

5. 新开河综合整治工程

该项目分两期建设。其中，纳入试点期建设的为一期工程，即河道疏浚工程，已于 2014 年 7 月动工建设，2015 年 6 月完工。

6. 科融新城周边水系整治工程

该项目的红岗排涝站重建工程目前已开工建设，正在进行渠道清淤工作；甲子河（肋下河、五一河汇合口至环桥路桥段）已完成前期勘察设计招投标工作；梧村河水环境综合整治工程已完成前期的可研评审，近期将提交项目立项申请。

7. 万亩以上灌区节水改造工程

在惠州市 10 项中型灌区节水改造工程中，庙滩水库、花树下水库、龙平渠、显岗水库、石坑水库、槁树下水库、黄山洞水库等 7 项已完工（总面积为 31.95 万亩），其余 3 项完成了主体工程建设。此外，惠州市 22 项山区小型灌区（共 4.74 万亩）已全部完成建设任务。

8. 惠州西湖风景名胜区建设

目前，已完成南丰湖生态修复工程的施工，正在进行生态系统的优化和维护，提升修复效果。待南丰湖生态修复取得预期效果并通过验收后，再启动其他湖区的生态修复工作。

7.3.2.2 试点建设取得的成效

1. 改善了水生态环境

通过实施中心城区主要河涌水环境综合整治、西湖水环境综合整治等工程建设，显著改善了惠州市水生态环境质量；通过开展"美丽乡村·清水治污"等系列行动，有效地控制了农村主要污染源，改善了农村生态环境；实施湿地公园建设、海洋生态环境保护等项目，有效地保护了生态系统多样性。

2. 提升了社会效益

实施了防洪除涝达标工程、城乡供水安全保障工程建设、水环境系统性治理、东江水源地生态安全体系建设，对提高惠州市乃至下游珠三角地区水安全保障能力具有重要的作用。同时，通过惠州古城文化的保护与挖掘，依托西湖、古城、水利风景区、两江四岸等有利资源，形式丰富的水文化载体，不断提升市水文化内涵，对实现"都市风景"与"田园风光、古城风韵"交相辉映、"宜居宜业"相得益彰的生态文明之城、历史文化名城和休闲度假名城的目标具有重要意义。

3. 促进了经济社会发展

开展水生态文明城市建设，确保了最严格水资源管理制度有效落实，完成广东省"三条红线"（用水总量控制、用水效率控制和水功能区限制纳污）指标，推动节水型社会建设、现代化水管理水平逐步提升，不断深化水资源管理制度改革，水生态补偿制度得到有效执行，有力地促进了惠州市产业结构升级，促进区域经济社会与水资源环境协调发展，取得了良好的经济效益。

7.3.2.3 试点先进做法和经验

出台了《惠州市惠城中心区主要河涌水环境综合整治总体规划》，计划投入 100 亿元，对市区 14 条河涌和新开河（新开河作为大江大河纳入河涌水环境治理一并整治）进行综合整治。其中，金山河综合整治工程获得了住房和城乡建设部颁发的 2014 年度"中国人居环境范例奖"。推动了淡水河、潼湖流域"两河"污染整治。持续加大对"两河"沿岸污水处理设施建设、运营、河涌整治的投入，初步建立了军地协同推进潼湖军垦农场污染整治工作机制。"两河"水质得到较大的改善，通过了广东省人大组织的第三方评估考核，整治了乡镇河涌污染。严格落实"南粤水更清行动计划",按照每个建制镇一年整治一条污染严重河涌的目标推进治水工作。各县（区）及有关部门按照"统一规划、分步实施"原则,因地制宜地采用沿河截污、底泥置换、养殖清理、生态补水、生态修复、卫生保洁等措施推动乡镇河涌治理。整治任务正按计划推进,部分河涌黑臭现象基本消除,水质得到明显改善。

8

主 要 存 在 的 问 题

从以上调查结果可以看出，影响东江河流健康的主要不利因素包括由于城镇污水排放所造成的水质污染、河岸硬质化、水生态环境受到侵占、水生物数量质量减少等。

（1）部分区域水质污染严重。东江流域在枯水期和丰水期水质大部分区域达标，变化趋势不大，大部分河段能够满足水功能区的水质目标。但部分支流污染严重，如西枝江坪山以下河段水质已降为劣 V 类，主要污染物以氨氮为主，枯水期汞、铬有超标现象。

（2）岸坡生境受到侵占、破坏。东江上游及源头区周边农田开发较多，为果木（橙）为主，兼有养殖业，附近农户侵占了河岸带进行养殖和种植，污水随意流入河体。由于垃圾收集工作的不足，上游段河岸附近多见固体垃圾、白色垃圾以及腐烂果子堆弃在河边，影响河岸景观，对附近水体造成二次污染。

（3）早期梯级开发和酷渔滥捕等行为导致河道生态功能受到影响。东江流域梯级开发较早，随着新丰江等工程建成并发挥巨大经济、社会效益的同时，河道生态功能也受到影响，出现了如阻隔生态廊道、连通性降低、河道水沙过程变化等环境问题。原新丰江锡场区治溪乡渔潭溪曾有较集中的鲥鱼产卵场，后因东江下游各出海口修建挡潮闸和上游兴建新丰江等大型水库，切断了鱼类的洄游路线，新鱼无法上溯，该产卵场已失去了存在价值，1970 年以后，东江已基本捕不到鲥鱼。

（4）采砂活动频繁，破坏水生生态环境。随着经济社会的快速发展，城市建设大会战、重大项目工程建设以及民建用砂需求量的增加，河砂供不应求，砂石开采利润暴利化导致贺江非法采砂现象频频发生，禁用开采设备也蜂拥而至，大量钩机、铲车、挖沙船集中在往日宁静的东江中游，东江流域的生物栖息环境和水景观受到严重威胁。

9

结　　论

东江流域各评估分区的结果总体处于健康状态，新丰江、西枝江部分江段处于亚健康状态，东江干流龙川段、佗城段、古竹段，增江增城段均处于亚健康的临界状态。规划将处于亚健康和临界亚健康状况的评估分区列为重点整治河段，加强水环境综合整治和水体生态修复。

9.1　健康维护定位

东江流域地处南岭山地与珠江口之间，涉及江西、广东两省，大体呈南北走向。流域内分布着山地、河流、水库、湿地与水网各种生态格局，自然生态资产丰富，兼具绿色珠江绿源、绿廊、绿景、绿网的现实条件。同时东江又是珠江流域水资源开发利用程度最高的地区，承担广州、深圳、香港特别行政区等重要一线城市的供水保障任务。流域内广州、东莞、惠州是全国水生态文明试点城市。因此，结合东江流域的地理位置、自然资源分布特点以及水资源开发利用特点，提出东江流域健康维护的总体定位是：江河源头区水生态保护补偿示范区、水生态文明与经济协调发展示范区、水资源节约与保护重点区、绿色珠江一体化建设示范区。

9.2　健康维护总体布局

结合以上健康维护定位，提出东江应以水资源、水环境、水生态承载力为基础，做好产业布局和结构优化，以流域统一管理和协调机制为指导，节水优先，以供水保障为核心，以污染治理和生态修复为重点，以生态补偿、生态调度为特色，以广州、东莞、惠州等水生态文明城市建设为契机，构建预防、治理和监管兼顾、分段治理与流域统管相结合、与社会经济发展总量和布局相匹配的水资源保护措施布局。

东江上游（绿源）：以保护为前提，限制高耗水、高污染的产业转移，发展生态农业，以水源涵养、水源地保护、面源治理和水质监控等措施为主，维护源区水质优良、生态健康，力争赣粤省界断面水质达标。

东江中游（绿廊、绿景）：保护优先，适度发展，限制高耗水、高污染的产业转移，提高现有产业等级，以重要库区水体保护、强化节水、连通性恢复、污染治理、水系连通和生态调度等措施为主，稳定中游水质、水生态，确保新丰江等重要水体不因旅游业发展而受到破坏，确保干流水质特别是界河水质达标。

东江下游（绿网、绿景）：加强治理、优化开发，水资源保护措施应与《珠江三角洲地区改革发展规划纲要（2008—2020年）》提出的经济发展规模、布局相协调；以水价、水权市场等经济杠杆、水环境和水生态考核倒逼产业优化调整，强化节水、合理控制水资源开发利用程度，推进节水型社会和"海绵城市"建设，以"靠西取水、靠东退水，供排分家，清污截流"深莞惠一体化供排水格局下的水源地优化整合及排污口整治、河涌整治和生态河网建设、截污和污水处理设施建设、水质监控系统建设、水系连通和栖息地保护等措施为主，减缓社会发展与水资源、水环境、水生态之间的矛盾，确保广州、深圳、香港等重要城市供水安全。

9.3　健康维护对策措施

9.3.1　深入推进"河长制"，加强水生态文明建设

进一步深入推进"河长制"，强化城乡水务一体化管理河湖水污染防治制度，结合水资源、水环境、水生态承载力合理进行产业布局并优化产业结构，减缓社会经济活动和资源、环境、生态的矛盾；积极推行生态文明建设，鼓励社会公众广泛参与，提高珍惜水资源、保护水生态的自觉性。定期对流域重要饮用水水源地开展安全监测评估，全面开展重要饮用水水源地安全保障达标建设。

9.3.2　实行最严格的水资源管理制度

严格执行东江分水指标、各市的用水总量考核指标和用水效率指标，强化节水，合理控制水资源开发利用强度，减少生产、生活用水对生态用水的挤占；严格执行限排意见，减轻水环境压力；推行中水回用、雨水利用、海水淡化等多水源利用措施，建设节水型社会、"海绵城市"，做好节水减污；在"靠西取水、靠东退水，供排分家，清污截流"区域一体化供排水格局下，加强水源地和排污口优化调整和综合整治。

9.3.3　加强河岸带水源涵养和水土保持

东江流域部分河段河岸带保护较差，应加强对河岸带重要性的认识，制定切实可行的河岸带保护政策和法律法规，加强河岸带的植树造林和河岸带保护的宣传教育，提高生态环境保护意识。科学合理地制定流域河岸带规划，在不影响交通、通信和人民生产、生活的前提下应尽可能地恢复河流的自然过程，减少沿岸建筑物、农业耕种程度等人为因素的干扰。推广人工湿地技术，强化河流自净能力，改善水污染状况，提高水环境质量。在开展系统研究和生态监测的基础上，加大水土保持力度，加强水源林保护，优化、调整森林林种结构，同时建设和完善水利工程体系，提高上游水资源调蓄能力，改善生态环境。

9.3.4　加强治污截污工作

东江流域除西枝江惠州开发利用区、东江干流龙川保留区，水质状况总体呈现健康状态。有力推进截污、污水处理厂及其管网建设；针对重大入河排污口进行整治；开展深莞惠跨界河流水污染治理行动，加强支流及城市河段的污染治理；注重农村面源治理，控制农田径流污染、生活污水与废弃物、水土流失，加强面源污染治理。需要重点采取措施，阻断污染源，加强废水达标排放工作，制订排污口污染治理方案，削减污染物入河量，重点控制重金属排放量，进一步加强工业点源达标治理的力度。同时减少垃圾堆放，采取生态修复措施，恢复河流生境。与此同时，加快农业面源生态治理工程以及科技成果的转化。要控制有机质以及农田的污染，大力推广绿色农业和生态农业，科学、合理地使用化肥和农药，降低化肥和农药的使用量，采取措施防治农村环境污染。

9.3.5　全面进行重要栖息地保护和生态修复

东江流域梯级开发程度较高，梯级电站河段的河流连通性较差，除寻乌水、定南水之外，流量过程变异程度较大。规划在剑潭梯级以下干流河段不再进行水力开发，风光及以下梯级进行过鱼设施建设和生态调度，加强纵向连通性。严格控制兴建水库、跨流域引水工程、农作物灌溉、工业和城市用水等人类活动，减小实测地表径流与天然径流的差异。根据珠三角湿地公园体系建设，逐步扩建和新建河流、湖泊、近海湿地公园，逐步恢复东江三角洲湿地面积和生态功能。东江流域鱼类损失指数较大，为了确保东江流域鱼类种类不会进一步遭受破坏，应结合珠江禁渔制度，制定适合东江流域的渔业捕捞管理制度，保护河流生物多样性资源，为鱼类等提供栖息场所，形成良好的食物链。

9.3.6　加强流域监督管理和监测能力

建立、健全流域统一管理和协作机制。构建东江生态补偿框架，促进和协助江西与广东以及香港之间的沟通协调，提高流域水资源保护能力和效率；加强重要水功能区及省界缓冲区水质监测，建立全流域的生态环境污染预警机制，提高突发污染事件的预警和处理能力。加强水环境监测的力度，加强定位监测网络站点的建设，逐步开展流域水生生物多样性的综合调查，为东江流域的河湖健康研究提供基础数据。

附　　表

2015 年 1—12 月东江流域 24 个评估分区月均流量

单位：m³/s

序号	评估分区	1月	2月	3月	4月	5月	6月	7月	8月	9月	10月	11月	12月
1	寻乌水源头水保护区	2.48	2.26	1.57	1.50	3.81	4.74	4.03	4.01	3.87	2.54	1.92	2.70
2	寻乌水寻乌保留区	6.06	5.52	3.84	3.67	9.31	11.58	9.86	9.81	9.46	6.21	4.69	6.60
3	寻乌水赣粤缓冲区	16.32	14.86	10.34	9.87	25.08	31.19	26.54	26.41	25.48	16.72	12.62	17.78
4	定南水源头水保护区	3.36	10.79	4.22	4.73	28.02	22.11	19.31	13.91	14.84	8.93	6.50	13.08
5	定南水定南保留区	19.73	63.34	24.79	27.77	164.45	129.73	113.28	81.61	87.10	52.38	38.13	76.74
6	定南水赣粤缓冲区	29.06	93.29	36.51	40.90	242.19	191.06	166.84	120.20	128.27	77.14	56.15	113.02
7	定南水龙川保留区	32.40	104.00	40.70	45.60	270.00	213.00	186.00	134.00	143.00	86.00	62.60	126.00
8	东江干流龙川保留区	40.23	36.63	25.48	24.34	61.82	76.87	65.42	65.09	62.80	41.21	31.11	43.83
9	东江干流佗城保护区	94.51	86.05	59.85	57.16	145.22	180.56	153.67	152.90	147.52	96.81	73.07	102.96
10	东江干流河源保留区	141.85	129.17	89.84	85.80	217.97	271.02	230.65	229.50	221.43	145.31	109.68	154.54
11	新丰江源城开发利用区	156.00	159.00	138.00	769.00	182.00	146.00	162.00	167.00	191.00	166.00	185.00	210.00
12	东江干流河源开发利用区	441.28	379.60	323.25	300.92	430.64	366.85	377.48	387.05	406.19	310.49	254.13	344.52
13	新丰江源头水保护区	41.00	37.33	25.97	15.10	60.80	46.60	32.70	29.20	29.20	28.50	17.30	34.00
14	东江干流博罗、惠阳保留区	525.55	452.10	384.98	358.39	512.89	436.90	449.57	460.96	483.76	369.78	302.67	410.31
15	东江干流惠阳、惠州、博罗开发利用区	401.15	374.61	321.51	301.85	871.13	590.91	784.61	762.98	688.25	505.37	386.40	440.48
16	东江干流博罗、潼湖缓冲区	408.00	381.00	327.00	307.00	886.00	601.00	798.00	776.00	700.00	514.00	393.00	448.00
17	东江东深供水水源地保护区	414.04	386.64	331.84	311.55	899.12	609.90	809.82	787.49	710.37	521.61	398.82	454.63
18	东江干流石龙开发利用区	431.76	403.19	346.05	324.88	937.60	636.00	844.48	821.20	740.77	543.94	415.89	474.09
19	增江增城开发利用区	33.13	80.46	104.13	98.18	283.35	192.21	170.40	246.13	168.03	152.65	144.36	126.61
20	增江增城保留区	30.68	74.50	96.42	90.91	262.36	177.97	157.77	227.90	155.58	141.34	133.67	117.23

续表

序号	评估分区	1月	2月	3月	4月	5月	6月	7月	8月	9月	10月	11月	12月
21	增江源头水保护区	2.00	3.50	3.90	3.69	10.64	7.22	76.40	22.20	16.00	9.70	7.30	9.20
22	东深供水渠保护区	29.43	36.90	17.61	16.08	34.50	57.30	56.40	41.10	34.80	25.50	18.81	21.18
23	西枝江惠州开发利用区	34.21	34.54	32.23	10.67	34.32	29.26	65.89	35.64	35.97	38.50	24.86	27.83
24	西枝江惠东保留区	31.10	31.40	29.30	9.70	31.20	26.60	59.90	32.40	32.70	35.00	22.60	25.30

附表2　　2015 年 1—12 月东江流域 24 个评估分区月均还原天然流量　　单位：m³/s

序号	评估分区	1月	2月	3月	4月	5月	6月	7月	8月	9月	10月	11月	12月
1	寻乌水源头水保护区	2.57	2.35	1.66	1.59	3.90	4.83	4.12	4.10	3.96	2.63	2.01	2.79
2	寻乌水寻乌保留区	6.35	5.81	4.13	3.96	9.60	11.87	10.15	10.10	9.75	6.50	4.98	6.89
3	寻乌水赣粤缓冲区	17.30	15.84	11.31	10.85	26.06	32.16	27.52	27.38	26.45	17.69	13.59	18.76
4	定南水源头水保护区	3.74	11.17	4.60	5.11	28.40	22.48	19.68	14.28	15.22	9.30	6.87	13.45
5	定南水定南保留区	22.66	66.27	27.72	30.70	167.38	132.66	116.21	84.54	90.03	55.31	41.06	79.67
6	定南水赣粤缓冲区	34.78	99.01	42.23	46.62	247.91	196.78	172.56	125.92	133.99	82.86	61.87	118.74
7	定南水龙川保留区	38.53	110.14	46.83	51.73	276.14	219.14	192.14	140.14	149.14	92.14	68.74	132.14
8	东江干流龙川保留区	42.77	39.17	28.02	26.87	64.36	79.41	67.96	67.63	65.34	43.75	33.65	46.37
9	东江干流佗城保护区	34.43	72.68	47.48	54.79	305.84	208.18	157.29	155.52	180.15	103.44	78.59	163.98
10	东江干流河源保留区	84.60	118.61	80.28	86.25	381.41	301.46	237.10	234.94	256.87	154.76	118.02	218.38
11	新丰江源城开发利用区	60.36	45.16	51.86	528.96	531.96	272.96	246.96	199.96	204.96	97.36	73.46	128.96
12	东江干流河源开发利用区	286.99	253.81	226.16	59.93	942.65	522.86	467.49	424.06	454.20	249.90	149.54	325.93
13	新丰江源头水保护区	42.66	38.99	27.62	16.76	62.46	48.26	34.36	30.86	30.86	30.16	18.96	35.66
14	东江干流博罗、惠阳保留区	374.70	329.75	291.33	120.84	1028.33	596.35	543.02	501.41	535.21	312.63	201.52	395.16
15	东江干流惠阳、惠州、博罗开发利用区	235.04	229.69	207.30	69.94	1405.72	799.00	941.70	823.47	759.44	442.16	275.89	420.37
16	东江干流博罗、潼湖缓冲区	242.35	236.55	213.25	75.55	1421.05	809.55	955.55	836.95	771.65	451.25	282.95	428.35
17	东江东深供水水源地保护区	248.79	242.59	218.49	80.50	1434.57	818.85	967.77	848.84	782.41	459.26	289.17	435.38
18	东江干流石龙开发利用区	267.70	260.32	233.88	95.01	1474.24	846.14	1003.61	883.73	814.00	482.77	307.42	456.03
19	增江增城开发利用区	39.83	84.66	106.73	105.68	290.85	199.71	239.89	255.03	177.33	156.94	146.96	132.61
20	增江增城保留区	36.82	78.15	98.46	97.85	269.31	184.91	226.72	236.24	164.33	145.08	135.71	122.68
21	增江源头水保护区	2.72	4.22	4.62	4.40	11.36	7.93	77.12	22.92	16.72	10.42	8.02	9.92
22	东深供水渠保护区	31.05	38.52	19.23	17.70	36.12	58.92	58.02	42.72	36.42	27.12	20.43	22.80
23	西枝江惠州开发利用区	15.29	8.32	8.01	12.65	49.80	74.24	125.87	52.02	52.05	28.78	11.84	19.21
24	西枝江惠东保留区	12.03	5.03	4.93	11.53	46.53	71.43	119.73	48.63	48.63	25.13	9.43	16.53

附表3　　　　　　　　　　枯水期东江流域水质监测结果分析

序号	监测断面	水质目标	达标评价	高锰酸盐指数	BOD$_5$	氨氮	砷	汞	铬	镉	铅	甲苯	乙苯	二甲苯	DO
1	XWS1	Ⅱ	达标	达标	达标	达标	达标	达标	达标	达标	达标	—	—	—	达标
2	XWS2	Ⅲ	达标	达标	达标	达标	达标	达标	达标	达标	达标	—	—	—	达标
3	XWS3	Ⅲ	达标	达标	达标	达标	达标	达标	达标	达标	达标	—	—	—	达标
4	DJGL1	Ⅱ	达标	达标	达标	达标	达标	达标	达标	达标	达标	—	—	—	达标
5	DJGL2	Ⅱ	达标	达标	达标	达标	达标	达标	达标	达标	达标	—	—	—	达标
6	DJGL3	Ⅱ	达标	达标	达标	达标	达标	达标	达标	达标	达标	达标	达标	达标	达标
7	DJGL4	Ⅱ	达标	达标	达标	达标	达标	达标	达标	达标	达标	—	—	—	达标
8	DJGL5	Ⅱ	达标	达标	达标	达标	达标	达标	达标	达标	达标	—	—	—	达标
9	DJGL6	Ⅱ	达标	达标	达标	达标	达标	达标	达标	达标	达标	达标	达标	达标	达标
10	DJGL7	Ⅱ	达标	达标	达标	达标	达标	达标	达标	达标	达标	达标	达标	达标	达标
11	DJGL8	Ⅱ	达标	达标	达标	达标	达标	达标	达标	达标	达标	达标	达标	达标	达标
12	DJGL9	Ⅱ	达标	达标	达标	达标	达标	达标	达标	达标	达标	—	—	—	达标
13	DJGL10	Ⅱ	达标	达标	达标	达标	达标	达标	达标	达标	达标	—	—	—	达标
14	DJGL11	Ⅱ	达标	达标	达标	达标	达标	达标	达标	达标	达标	达标	达标	达标	达标
15	DJGL12	Ⅱ	达标	达标	达标	达标	达标	达标	达标	达标	达标	达标	达标	达标	达标
16	DJGL13	Ⅱ	不达标	达标	达标	1.03	达标	达标	达标	达标	达标	—	—	—	达标
17	DSGSQ1	Ⅱ	达标	达标	达标	达标	达标	达标	达标	达标	达标	达标	达标	达标	达标
18	DJGL14	Ⅱ	达标	达标	达标	达标	达标	达标	达标	达标	达标	达标	达标	达标	达标
19	DJGL15	Ⅱ	达标	达标	达标	达标	达标	达标	达标	达标	达标	达标	达标	达标	达标
20	DSGSQ2	Ⅱ	达标	达标	达标	达标	达标	达标	达标	达标	达标	达标	达标	达标	达标
21	DSGSQ3	Ⅱ	达标	达标	达标	达标	达标	达标	达标	达标	达标	达标	达标	达标	达标
22	DNS1	Ⅲ	达标	达标	达标	达标	达标	达标	达标	达标	达标	—	—	—	达标
23	DNS2	Ⅲ	达标	达标	达标	达标	达标	达标	达标	达标	达标	—	—	—	达标
24	DNS3	Ⅲ	达标	达标	达标	达标	达标	达标	达标	达标	达标	—	—	—	达标
25	DNS4	Ⅱ	达标	达标	达标	达标	达标	达标	达标	达标	达标	—	—	—	达标
26	XFJ1	Ⅱ	达标	达标	达标	达标	达标	达标	达标	达标	达标	—	—	—	达标
27	XFJ2	Ⅱ	达标	达标	达标	达标	达标	达标	达标	达标	达标	达标	达标	达标	达标
28	ZJ1	Ⅱ	达标	达标	达标	达标	达标	达标	达标	达标	达标	—	—	—	达标
29	ZJ2	Ⅱ	达标	达标	达标	达标	达标	达标	达标	达标	达标	—	—	—	达标
30	ZJ3	Ⅲ	达标	达标	达标	达标	达标	达标	达标	达标	达标	达标	达标	达标	达标
31	XZJ1	Ⅱ	达标	达标	达标	达标	达标	达标	达标	达标	达标	—	—	—	达标
32	XZJ2	Ⅱ	不达标	达标	1.14	1.39	达标	1.6	1.4	达标	达标	达标	达标	达标	达标

附表 4　　丰水期东江流域水质监测结果分析

序号	监测断面	水质目标	达标评价	高锰酸盐指数	BOD$_5$	氨氮	砷	汞	铬	镉	铅	甲苯	乙苯	二甲苯	DO
1	XWS1	Ⅱ	达标	达标	达标	达标	达标	达标	达标	达标	达标	—	—	—	达标
2	XWS2	Ⅲ	达标	达标	达标	达标	达标	达标	达标	达标	达标	—	—	—	达标
3	XWS3	Ⅲ	达标	达标	达标	达标	达标	达标	达标	达标	达标				达标
4	DJGL1	Ⅱ	达标	达标	达标	达标	达标	达标	达标	达标	达标				达标
5	DJGL2	Ⅱ	达标	达标	达标	达标	达标	达标	达标	达标	达标				达标
6	DJGL3	Ⅱ	达标	达标	达标	达标	达标	达标	达标	达标	达标				达标
7	DJGL4	Ⅱ	达标	达标	达标	达标	达标	达标	达标	达标	达标				达标
8	DJGL5	Ⅱ	达标	达标	达标	达标	达标	达标	达标	达标	达标				达标
9	DJGL6	Ⅱ	达标	达标	达标	达标	达标	达标	达标	达标	达标				达标
10	DJGL7	Ⅱ	达标	达标	达标	达标	达标	达标	达标	达标	达标	达标	达标	达标	达标
11	DJGL8	Ⅱ	达标	达标	达标	达标	达标	达标	达标	达标	达标	达标	达标	达标	达标
12	DJGL9	Ⅱ	达标	达标	达标	达标	达标	达标	达标	达标	达标				达标
13	DJGL10	Ⅱ	达标	达标	达标	达标	达标	达标	达标	达标	达标				达标
14	DJGL11	Ⅱ	达标	达标	达标	达标	达标	达标	达标	达标	达标	达标	达标	达标	达标
15	DJGL12	Ⅱ	达标	达标	达标	达标	达标	达标	达标	达标	达标	达标	达标	达标	达标
16	DJGL13	Ⅱ	达标	达标	达标	达标	达标	达标	达标	达标	达标	—	—	—	达标
17	DSGSQ1	Ⅱ	达标	达标	达标	达标	达标	达标	达标	达标	达标	达标	达标	达标	达标
18	DJGL14	Ⅱ	达标	达标	达标	达标	达标	达标	达标	达标	达标	达标	达标	达标	达标
19	DJGL15	Ⅱ	达标	达标	达标	达标	达标	达标	达标	达标	达标	达标	达标	达标	达标
20	DSGSQ2	Ⅱ	达标	达标	达标	达标	达标	达标	达标	达标	达标	达标	达标	达标	达标
21	DSGSQ3	Ⅱ	达标	达标	达标	达标	达标	达标	达标	达标	达标	达标	达标	达标	达标
22	DNS1	Ⅲ	达标	达标	达标	达标	达标	达标	达标	达标	达标	—	—	—	达标
23	DNS2	Ⅲ	达标	达标	达标	达标	达标	达标	达标	达标	达标				达标
24	DNS3	Ⅲ	达标	达标	达标	达标	达标	达标	达标	达标	达标				达标
25	DNS4	Ⅱ	达标	达标	达标	达标	达标	达标	达标	达标	达标				达标
26	XFJ1	Ⅱ	达标	达标	达标	达标	达标	达标	达标	达标	达标				达标
27	XFJ2	Ⅱ	达标	达标	达标	达标	达标	达标	达标	达标	达标	达标	达标	达标	达标
28	ZJ1	Ⅱ	达标	达标	达标	达标	达标	达标	达标	达标	达标	—	—	—	达标
29	ZJ2	Ⅱ	不达标	达标	1.01	达标	达标	达标	达标	达标	达标				达标
30	ZJ3	Ⅲ	达标	达标	达标	达标	达标	达标	达标	达标	达标				达标
31	XZJ1	Ⅱ	达标	达标	达标	达标	达标	达标	达标	达标	达标	—	—	—	达标
32	XZJ2	Ⅱ	不达标	达标	1.2	3.6	达标	达标	达标	达标	达标	达标	达标	达标	达标

参 考 文 献

［1］ ZALACK T J，SMUCKER J N，VIS L M. Development of a diatom index of biotic integrity for acid mine drainage impacted streams ［J］. Ecological Indicators，2010，10 (2)：287 - 295.

［2］ HARDING W R，Cgm A，TAYLOR J C. The relevance of diatoms for water quality assessment in South Africa：A Position paper ［J］. Water SA，2005，31 (1)：41 - 46.

［3］ PRYGIEL J，COSTE M. The assessment of water quality in the Artois-Picardie water (France) by the use of diatom indices ［J］. Hydrobiologia，1993，269/270 (1)：343 - 349.

［4］ KWANDRANS J，ELORANTA P，KAWECKA B，et al. Use of benthic diatom communities to evaluate water quality in rivers of southern Poland ［J］. Journal of Applied Phycology，1998，10 (2)：193 - 201.

［5］ POTAPOVA M，CHARLES F D. Diatom metrics for monitoring eutrophication in rivers of the United States ［J］. Ecological Indicators，2007，7 (1)：48 - 70.

［6］ WU J T，KOW L T. Applicability of a generic index for diatom assemblages to monitor pollution in the tropical River Tsanwun，Taiwan ［J］. Journal of Applied Phycology，2002，14 (1)：63 - 69.

［7］ KELLY M G，WHITTON B A. The Trophic Diatom Index：a new index for monitoring eutrophication in rivers ［J］. Journal of Applied Phycology，1995，7 (4)：433 - 444.

［8］ DAM H V，MERTENS A，SINKELDAM J. A coded checklist and ecological indicator values of freshwater diatoms from the Netherlands ［J］. Netherlands Journal of Aquatic Ecology，1994，28 (1)：117 - 133.

［9］ HOFMANN G. Aufwuchs-Diatomeen in Seen und ihre Eignung als Indikatoren der Trophie ［J］. Bibliotheca Diatomol，1994，30：1 - 241.

［10］ 曹艳霞，张杰，蔡德所，等.应用底栖无脊椎动物完整性指数评价漓江水系健康状况 ［J］. 水资源保护，2010，26 (2)：13 - 17.

［11］ 黎佛林，蔡德所，唐鑫，等.硅藻指数筛选及水质多指标评价体系构建 ［J］. 长江科学院院报，2015，(8)：26 - 33.

［12］ 董旭辉，羊向东，王荣.长江中下游地区湖泊富营养化的硅藻指示性属种 ［J］. 中国环境科学，2006，26 (5)：570 - 574.

［13］ 刘毅.东江干流鱼类群落变化特征及生物完整性评价 ［D］. 广州：暨南大学，2011.

［14］ 刘静，韦桂峰，胡韧，等.珠江水系东江流域底栖硅藻图集 ［M］. 北京：中国环境科学出版社，2013.

［15］ 刘静，林秋奇，邓培雁，等.东江水系底栖硅藻群落与生物监测 ［M］. 北京：中国环境科学出版社，2014.